FORMULES

PRINCIPES ET DÉFINITIONS

DE

PHYSIQUE ÉLÉMENTAIRE

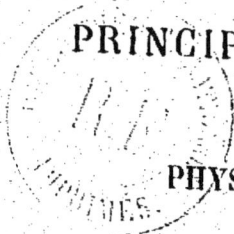

BACCALAURÉATS CLASSIQUE ET MODERNE

FORMULES

PRINCIPES ET DÉFINITIONS

DE

PHYSIQUE

ÉLÉMENTAIRE

AVEC DES REMARQUES PRATIQUES SUR LEUR APPLICATION
A LA RÉSOLUTION DES PROBLÈMES DE PHYSIQUE

PAR

A. HOUDELIN

PARIS

LIBRAIRIE LAROUSSE

58, RUE DES ÉCOLES, 58

(Près l'entrée principale de la nouvelle Sorbonne.)

1893

AVERTISSEMENT

***

Ce recueil contient les énoncés des *définitions* et des *principes* de la Physique élémentaire, ainsi que les *formules* qui servent à la résolution des problèmes de Physique.

Une expérience journalière nous a montré combien il était avantageux pour l'élève d'avoir une parfaite connaissance des définitions et des formules de Physique sans lesquelles toute résolution de Problèmes devient impossible. C'est pourquoi nous avons pensé qu'il était utile de grouper en un recueil toutes ces définitions et ces formules, souvent noyées dans le texte d'un traité, et de mettre ainsi les Candidats en mesure de résoudre avec facilité le problème de Physique, devenu aujourd'hui l'une des épreuves importantes de la plupart des Examens écrits.

C'est aussi dans ce but que nous avons fait suivre chaque sujet de *Remarques* essentiellement pratiques, dans lesquelles nous n'avons pas craint d'être prodigue de conseils. Nous nous sommes souvent aperçu que le peu d'aptitude à résoudre ce genre de problèmes venait presque toujours du manque d'habitude plutôt que du manque de savoir, et nous sommes convaincu que les

Candidats qui liront attentivement ces Remarques et qui voudront bien s'y conformer, sauront se tirer d'affaire, même dans les cas les plus difficiles.

Ce recueil aura en outre l'avantage de pouvoir servir de résumé pour la révision rapide du cours de Physique à l'approche d'un examen. Nous avons indiqué du reste, à la fin de chaque sujet, les *Questions de cours* les plus importantes sur lesquelles il est utile d'insister davantage.

A. H.

PRINCIPALES FORMULES

DE

PHYSIQUE

SERVANT A LA RÉSOLUTION DES PROBLÈMES

Les formules les moins importantes sont précédées d'un *

MÉCANIQUE

Mouvement uniforme :

$$e = e_0 + vt$$

— uniformément varié :

$$e = v_0 t \pm \frac{\gamma t^2}{2}$$

$$v = v_0 \pm \gamma t$$

Chute des corps :

$$e = v_0 t \pm \frac{g t^2}{2}$$

$$v = v_0 \pm g t = \sqrt{2gh}$$

(*h*, hauteur de chute sans vitesse initiale.)

Formule du pendule :

$$t = \pi \sqrt{\frac{l}{g}}$$

Masse d'un corps :

$$m = \frac{F}{\gamma} = \frac{P}{g}$$

Travail d'une force :

$$T = Fe = \frac{mv^2}{2} - \frac{mv_1^2}{2}$$

Travail de la pesanteur :

$$T = Ph .$$

HYDROSTATIQUE

Pression sur une surface plane horizontale :

$$P = S \times h \times d .$$

Vases communicants :

$$\frac{h}{h'} = \frac{d'}{d}$$

Principe d'Archimède :

$$\text{poussée} = V \times d$$

Relation entre le poids, le volume et la densité d'un corps :

$$P = VD .$$

STATIQUE DES GAZ

Loi de Mariotte :

$$VH = V'H'$$

on en déduit :

$$\frac{D}{D'} = \frac{V'}{V} = \frac{H}{H'}$$

Mélange des gaz :

$$VH = vh + v'h' + v''h'' + \ldots$$

Machine pneumatique :

$$H_n = H_o \left(\frac{V}{V + v} \right)^n$$

-- limite de raréfaction :

$$\frac{u}{v} = \left(\frac{V}{V + v} \right)^n$$

Pompe de compression :

$$H_n = H_o + H \frac{nv}{V}$$

Limite de compression :

$$H \frac{v}{u} = H_o + H \frac{nv}{V}$$

Siphon. — Vitesse d'écoulement :

$$v = \sqrt{2g(h - h')}$$

Force ascensionnelle :

$$F = P - V \times \frac{H}{76} \times 1{,}293 .$$

CHALEUR
—

Dilatation linéaire :

$$l = l_o(1 + \delta t)$$

-- cubique :

$$V = V_o(1 + Kt)$$

Rapport des densités d'un même corps solide ou liquide :

$$\frac{D}{D'} = \frac{1 + Kt'}{1 + Kt}$$

1

Équation des gaz parfaits :

$$\frac{VH}{1 + \alpha t} = \frac{V'H'}{1 + \alpha t'}$$

Rapport des densités d'un même gaz :

$$\frac{D}{D'} = \frac{H}{H'} \times \frac{1 + \alpha t'}{1 + \alpha t}$$

Poids d'un gaz :

$$P = \frac{V}{1 + \alpha t} \times \frac{H}{76} \times D \times 1,293$$

État hygrométrique :

$$E = \frac{f}{F} = \frac{p}{P}$$

Poids d'une masse d'air humide :

$$P = \begin{cases} \text{Poids de l'air sec} :: \dfrac{V}{1 + \alpha t} \times \dfrac{H - f}{76} \times 1,293 \\[2ex] \text{— de la vapeur} : \dfrac{V}{1 + \alpha t} \times \dfrac{f}{76} \times 0,622 \times 1,293 \end{cases}$$

$$P = \frac{V}{1 + \alpha t} \times \frac{1}{76} \times 1,293(H - f + f \times 0,622)$$

Expression du nombre de calories absorbées ou cédées par un corps :

$$Q = pc\,(t' - t)$$

Expression du nombre de calories nécessaires pour faire changer d'état P kilogr. d'un corps :

$$Q = P\lambda$$

Chaleur latente de fusion de la glace : 79,25

— totale de vaporisation de l'eau (Formule de Regnault) :

$$Q = 606,5 + 0,305T$$

Équivalent mécanique de la chaleur :

$$J = 425 \text{ kilogrammètres.}$$

ACOUSTIQUE

—

Longueur d'onde :

$$\lambda = \frac{v}{N}$$

Vibration des cordes :

$$N = \frac{1}{2RL}\sqrt{\frac{gP}{\pi d}} \, .$$

MAGNÉTISME

—

Formule de Coulomb :

$$f = \frac{mm'}{d^2}$$

Inclinaison :

$$\cot g^2 I = \cot g^2 i' + \cot g^2 i'' \, .$$

ÉLECTRICITÉ STATIQUE

—

Formule de Coulomb :

$$f = \frac{mm'}{d^2}$$

Densité électrique moyenne :

$$D = \frac{M}{S}$$

Expression du potentiel :

$$V = \Sigma \frac{m}{r}$$

Travail correspondant au passage d'une masse m du potentiel V' au potentiel V :

$$T = m(V' - V)$$

Capacité électrique :

$$C = \frac{M}{V}$$

Énergie d'un conducteur :

$$W = \frac{MV}{2} = \frac{M^2}{2C} = \frac{CV^2}{2}$$

Capacité d'un condensateur :

$$C = \frac{S}{4\pi e}$$

Énergie d'un condensateur :

$$W = \frac{S}{8\pi e} \times V^2 = \frac{CV^2}{2}$$

— d'une batterie de n bouteilles de Leyde :

$$W = n \frac{CV^2}{2}$$

— d'une cascade de n bouteilles de Leyde :

$$W = \frac{CV^2}{2n}.$$

ÉLECTRICITÉ DYNAMIQUE

Résistance :

$$r = K \frac{l}{s} = \frac{l}{cs}$$

Longueur réduite :

$$\lambda = \frac{l}{s}$$

Lois des courants dérivés (Kirchhoff) :

$$I = \Sigma i$$

$$\Sigma i r = \Sigma e$$

Formule d'Ohm :

$$E = I(R + r)$$

Énergie d'une pile :

$$W = EI = I^2(R + r)$$

Association des piles : en série ou en tension :

$$I = \frac{E}{R + \dfrac{r}{n}}$$

— — en batterie ou en quantité :

$$I = \frac{E}{\dfrac{R}{n} + r}$$

— mixte :

$$I = \frac{E}{\dfrac{R}{p} + \dfrac{r}{n}}$$

Nombre de calories dégagées par le passage du courant (Loi de Joule) :

$$Q = \frac{I^2(R + r)t}{J}$$

Action d'un courant rectiligne indéfini sur un pôle d'aimant (Loi de Biot et Savart) :

$$F = \frac{ml}{d}$$

Action d'un pôle d'aimant sur un élément de courant (Formule de Laplace) :

$$F = \frac{mIl}{r^2} \sin \omega$$

OPTIQUE

Éclairement :

$$E = \frac{Q}{S}$$

Rapport des éclairements :

$$\frac{E}{E'} = \frac{d'^2}{d^2}$$

Loi du cosinus :

$$E' = E \cos \alpha$$

Éclairement (lumière oblique) :

$$E = \frac{I \cos \alpha}{d^2}$$

Principe des photomètres :

$$\frac{I}{I'} = \frac{d^2}{d'^2}$$

Formules des miroirs concaves :

$$\frac{1}{p} + \frac{1}{p'} = \frac{1}{f} = \frac{2}{R} \qquad \text{ou} \qquad \omega\omega' = f^2$$

$$\frac{1}{O} = \frac{p'}{p}$$

Formules des miroirs convexes :

$$\frac{1}{p} - \frac{1}{p'} = -\frac{1}{f} = -\frac{2}{R} \text{ ou } \omega\omega' = f^2$$

$$\frac{1}{O} = \frac{p'}{p}$$

Indice de réfraction :

$$n = \frac{\sin i}{\sin r} = \frac{V}{V'}$$

Angle limite :

$$\sin \lambda = \frac{1}{n}$$

Formules du prisme :

$$\sin i = n \sin r \qquad \sin e = n \sin r'$$

$$r + r' = A$$

$$D = i + e - A$$

Mesure des indices :

$$n = \frac{\sin \dfrac{D' + A}{2}}{\sin \dfrac{A}{2}}$$

Formule générale des lentilles :

$$\frac{1}{p} + \frac{1}{p'} = (n - 1)\left(\frac{1}{R} + \frac{1}{R'}\right) = \frac{1}{f}$$

Lentilles accolées :

$$\frac{1}{F} = \Sigma \frac{1}{f}$$

Lentilles convergentes :

$$\frac{1}{p} + \frac{1}{p'} = \frac{1}{f} \qquad \text{ou} \qquad \omega \omega' = f^2$$

$$\frac{I}{0} = \frac{p'}{p}$$

Lentilles divergentes :

$$\frac{1}{p} - \frac{1}{p'} = -\frac{1}{f} \qquad \text{ou} \qquad \omega \omega' = f^2$$

$$\frac{I}{0} = \frac{p'}{p}$$

Loupe : puissance :

$$P = \frac{1}{D} + \frac{1}{f} \qquad \text{ou} \qquad \frac{1}{D} + \frac{1}{f} - \frac{d}{Df}$$

— grossissement :

$$G = 1 + \frac{D - d}{f} = P \times D = \frac{1}{\delta}$$

Microscope composé :

$$G = g \times G' = \left(1 + \frac{D}{f}\right)\left(\frac{p'}{F} - 1\right)$$

Lunette astronomique : mise au point :

$$p' = \frac{f}{1 + \frac{f}{D}} \qquad \text{ou} \qquad p' = f$$

— — distance des lentilles : $\delta = F + f$

— — grossissement :

$$G = \frac{F}{f} + \frac{F}{D - a} \qquad \text{ou} \qquad G = \frac{F}{f} = \frac{R}{r}$$

Lunette de Galilée : mise au point :

$$\delta = F - f \quad \text{(œil infiniment presbyte)}$$

— — grossissement :

$$G = \frac{F}{f} - \frac{F}{D - a} \qquad \text{ou} \qquad \frac{F}{f}$$

VALEURS NUMÉRIQUES USUELLES

$\sqrt{2} = 1,414$ $\sin 30° = \cos 60° = \dfrac{1}{2}$

$\sqrt{3} = 1,732$ $\cos 30° = \sin 60° = \dfrac{\sqrt{3}}{2}$

$\sqrt{5} = 2,236$ $\sin 45° = \cos 45° = \dfrac{\sqrt{2}}{2}$

$\pi = 3,1416$ $\operatorname{tg} 30° = \operatorname{cotg} 60° = \dfrac{\sqrt{3}}{3}$

$\dfrac{1}{\pi} = 0,3183098$ $\operatorname{tg} 45° = \operatorname{cotg} 45° = 1 \ .$

$\log 2 = 0,301.030.00$ $\operatorname{tg} 60° = \operatorname{cotg} 30° = \sqrt{3}$

$\log 3 = 0,477.121.25$ $\log \dfrac{1}{273} = \bar{3},563.837.4$

$\log 5 = 0,698.970.00$ $\log 1,293 = 0,111.598.5$

$\log \pi = 0,497.150.9$ $\log 9,8088 = 0,991.615.9$

DÉFINITIONS, PRINCIPES ET FORMULES

DE

PHYSIQUE ÉLÉMENTAIRE

NOTIONS DE MÉCANIQUE

FORCES

Inertie. — L'*inertie* est la propriété par laquelle un corps ne peut de lui-même modifier son état de repos ou de mouvement.

Force. — On appelle *force* toute cause capable de produire ou de modifier un mouvement.

Dans une force on distingue le *point d'application*, la *direction* et l'*intensité*.

Mesurer une force c'est la comparer à une autre force prise pour unité.

Ordinairement on compare les forces au kilogramme. On se sert pour cela des dynamomètres.

Composition des forces. — Composer des forces c'est chercher leur résultante. On appelle *résultante* de plusieurs forces une force unique qui peut les remplacer toutes.

Forces appliquées à un même point. — Si deux forces agissent dans le même sens et suivant la même droite, leur résultante est égale à leur somme. Si elles agissent en sens contraire et suivant la même droite, la résultante est égale à leur différence. Si, dans ce dernier cas, les forces sont égales, leur résultante est nulle ; les forces se font équilibre.

Forces angulaires. — La direction de deux forces concourantes est représentée en grandeur et en direction par la diagonale du parallélogramme construit sur ces forces.

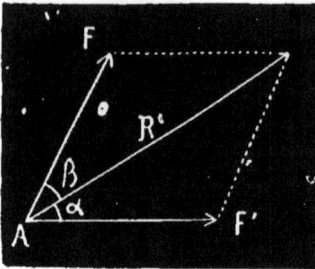

Si on appelle α et β les angles que les composantes F et F' font avec la résultante, et A l'angle de ces deux composantes, on a les deux relations :

$$\frac{F}{\sin \alpha} = \frac{F'}{\sin \beta} = \frac{R}{\sin A}$$

$$R^2 = F^2 + F'^2 + 2FF' \cos A .$$

Parallélépipède des forces. — Si trois forces appliquées à un même point ne sont pas dans un même plan, leur résultante est la diagonale du parallélépipède construit sur ces forces.

Si les trois forces sont rectangulaires, on a, en appelant α β γ les angles qu'elles font avec la résultante :

$$F = R \cos \alpha$$
$$F' = R \cos \beta$$
$$F'' = R \cos \gamma$$

et

$$R^2 = F^2 + F'^2 + F''^2 .$$

On a aussi entre les angles la relation :

$$\cos^2 \alpha + \cos^2 \beta + \cos^2 \gamma = 1 .$$

Forces parallèles de même sens. — La résultante de deux forces parallèles de même sens, appliquées en deux points différents, est parallèle à ces forces, de même sens qu'elles, et égale à leur somme.

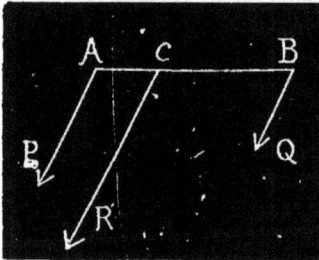

Son point d'application divise la droite qui joint les points d'application de ces forces, en parties inversement proportionnelles aux intensités des composantes.

On a donc :

$$R = P + Q$$

$$\frac{CA}{CB} = \frac{Q}{P} \cdot$$

Forces parallèles de sens contraire. — La résultante de deux forces parallèles inégales, de sens contraire , est parallèle à ces forces, dirigée dans le sens de la plus grande, et égale à leur différence.

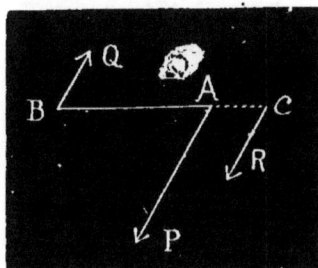

Le point d'application de la résultante est sur le prolongement de la droite qui joint les points d'application des composantes, du côté de la plus grande ; ses distances au point d'application des deux composantes sont en raison inverse des intensités de ces deux forces.

On a donc :

$$R = P - Q$$

$$\frac{CA}{CB} = \frac{Q}{P} \cdot$$

Si les deux forces étaient égales, la résultante serait nulle et le système formerait un *couple*.

Centre des forces parallèles. — On appelle *centre des forces parallèles*, le point d'application de leur résultante.

Moment d'une force par rapport à un point. — On appelle *moment* d'une force par rapport à un point, le produit de l'intensité de la force par la perpendiculaire abaissée de ce point sur la direction de la force (*bras de levier*).

Théorème de Varignon. — Le moment de la résultante de deux forces angulaires ou parallèles, par rapport à un point pris dans le plan de ces forces, est égale à la somme algébrique des moments des composantes.

CENTRE DE GRAVITÉ

Définition. — On appelle *centre de gravité* d'un corps, le point d'application de la résultante de toutes les actions que la pesanteur exerce sur les différents points de ce corps.

Lorsque le centre de gravité est soutenu, le corps est en équilibre sous l'action de la pesanteur, quelle que soit sa position.

Diamètre rectiligne. Plan diamétral. — On appelle *diamètre rectiligne*, *plan diamétral*, une droite, un plan, qui divisent en deux parties égales les droites menées parallèlement à une certaine direction.

Quand un corps possède un diamètre rectiligne ou un plan diamétral, le centre de gravité est sur cette ligne ou dans ce plan.

Centres de gravité particuliers. — Le centre de gravité d'une droite est en son milieu ; celui du périmètre d'un polygone régulier, d'un cercle, d'une ellipse, est à leur centre.

Le centre de gravité du *périmètre* d'un triangle se trouve au point d'intersection des bissectrices du triangle obtenu en joignant les milieux des côtés du triangle considéré.

Le centre de gravité de la *surface* d'un polygone régulier, d'un cercle, d'une sphère, est à leur centre.

Le centre de gravité de la *surface* d'un triangle est au point de rencontre de ses médianes. Celui d'une *zone* est au milieu de sa hauteur.

Le centre de gravité du *volume* d'une sphère est à son centre. Celui du *volume* d'un prisme est au milieu de la droite qui joint les centres de gravité de ses deux bases.

Le centre de gravité d'une *pyramide*, d'un *cône*, est aux trois quarts de la droite qui joint le sommet au centre de gravité de la base.

ÉQUILIBRE

Condition générale. — Pour qu'un solide libre soit en équilibre sous l'action d'un système quelconque de forces, il faut et il suffit qu'en réduisant toutes ces forces à deux, on obtienne deux forces égales et directement opposées.

Solide mobile autour d'un point fixe. — Pour que le solide soit en équilibre, il faut et il suffit que toutes les forces qui lui sont appliquées aient une résultante passant par le point fixe.

Solide mobile autour d'un axe fixe. — Pour que le solide soit en équilibre, il faut et il suffit que toutes les forces qui lui sont appliquées, étant réduites à deux, l'une passe par un point pris sur l'axe fixe et l'autre soit dans un même plan avec cet axe.

Solide appuyé sur un plan fixe — Pour que le solide soit en équilibre, il faut et il suffit que toutes les forces qui lui sont appliquées aient une résultante normale au plan, qui appuie le corps sur le plan, et qui passe à l'intérieur du polygone d'appui.

On appelle *polygone d'appui*, un polygone obtenu en joignant par des droites un certain nombre de points communs au corps et au plan, de manière à former un polygone convexe enveloppant tous les autres points de contact.

Equilibre stable. — Un corps est en équilibre *stable* quand, dérangé de sa position d'équilibre, il y est ramené par la pesanteur.

L'équilibre est *instable* dans le cas contraire.

Equilibre indifférent. — Un corps est en équilibre *indifférent* quand il reste en équilibre dans toutes les positions.

—

Remarque pratique. — La plupart des conditions d'équilibre s'obtiennent en appliquant le théorème des moments aux forces qui sont en jeu (sans oublier le poids du corps s'il y a lieu), par rapport à un point, à un plan ou à un axe fixe. Pour cela on écrit que la somme des moments des forces qui tendent à faire mouvoir le corps dans un sens, est égale à la somme des moments de celles qui tendent à le faire mouvoir dans l'autre sens.

LEVIER ET BALANCE

Levier. — Le *levier* est un corps solide, rigide, mobile autour d'un point fixe.

Le point fixe est le point d'appui. Quand le levier est soumis à l'action de deux forces, l'une est la *puissance* et l'autre la *résistance*.

On appelle *bras de levier* les perpendiculaires abaissées du point d'appui sur la direction des forces appliquées au levier.

Equilibre du levier. — Pour qu'un levier, soumis à l'action de

2

deux forces, soit en équilibre, il faut : 1° Que les deux forces et le
point d'appui soient dans un même plan; 2° Qu'elles tendent à
faire tourner leur bras de levier en sens contraire; 3° Que les
intensités des forces soient en raison inverse de leur bras de levier.

P et Q étant les deux forces et A leur angle, la charge du point
d'appui est :

$$R^2 = P^2 + Q^2 + 2PQ \cos A .$$

Balance. — *Conditions de justesse.* — Une balance juste est
celle dont le fléau reste horizontal quand on met des poids égaux
quelconques sur les plateaux.

Pour qu'une balance soit juste, il faut: 1° Que les bras du fléau
soient égaux ; 2° Que la verticale menée par le centre de gravité
du fléau passe par le point d'appui quand le fléau est horizontal.

Conditions de sensibilité. — Une balance sensible est celle dont
le fléau s'incline d'un angle appréciable sous l'action d'une différence très petite entre les poids placés dans les plateaux.

Pour qu'une balance soit sensible, il faut : 1° Que le fléau soit
aussi long et aussi léger que possible; 2° Que le centre de gravité
soit très près du point d'appui.

α étant l'angle d'inclinaison du fléau, l la longueur du fléau,
π son poids, p la différence entre les poids placés dans les plateaux,
et d la distance du centre de gravité au point d'appui, on a, entre
ces quantités, la relation :

$$\text{tg } \alpha = \frac{pl}{\pi d} .$$

PLAN INCLINÉ

Définition. — On appelle *plan incliné* un plan qui fait un
certain angle avec l'horizon.

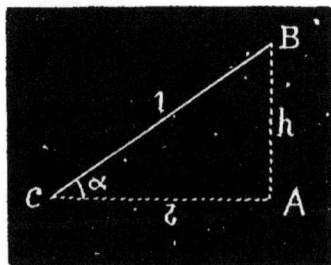

La *pente* d'un plan incliné est
représentée par la tangente de
l'angle que fait le plan avec l'horizon :

$$p = \text{tg } \alpha .$$

La longueur du plan incliné est
la ligne de plus grande pente
B C, la hauteur est B A et la base
C A.

Conditions d'équilibre. — Soient F la force appliquée au centre de gravité du corps et qui le maintient en équilibre, P le poids du corps; l la longueur du plan, h sa hauteur, b sa base et α l'angle qu'il fait avec l'horizon. Appelons N la pression normale qui appuie le corps sur le plan.

Premier cas. — *La force est parallèle au plan :*

$$\frac{F}{P} = \frac{h}{l}$$

$$\frac{N}{P} = \frac{b}{l} \cdot$$

Deuxième cas. — *La force est horizontale :*

$$\frac{F}{P} = \frac{h}{b}$$

$$\frac{N}{P} = \frac{l}{b} \cdot$$

Troisième cas. — *La force fait, avec le plan, un angle β (cas général).* La force doit se trouver dans l'angle obtus formé par la verticale et la normale au plan, menées par le centre de gravité du corps. On doit, de plus, avoir :

$$F \cos \beta = P \sin \alpha$$

$$N = P \frac{\cos (\alpha + \beta)}{\cos \beta} > 0 \cdot$$

Remarques pratiques. — Dans tous les problèmes sur le plan incliné, décomposer toutes les forces qui sont en jeu, y compris le poids du corps, suivant deux directions rectangulaires, l'une normale au plan, l'autre parallèle au plan. La condition d'équilibre s'obtient en écrivant que les composantes parallèles au plan se font équilibre, et que la pression sur le plan est positive.

MOUVEMENT

Trajectoire. — On appelle *trajectoire* la ligne décrite par un point matériel en mouvement.

Loi du mouvement. — On appelle *loi du mouvement* la relation qui lie l'espace au temps.

La loi du mouvement peut être exprimée algébriquement (*équation du mouvement*) ou graphiquement par une ligne (*diagramme*). On porte généralement les temps comme abscisses ; les espaces ou les vitesses comme ordonnées.

Mouvement uniforme. — Le *mouvement uniforme* est celui dans lequel le mobile parcourt des espaces égaux pendant des temps égaux, quelle que soit la valeur des temps considérés.

Vitesse. — On appelle *vitesse* dans le mouvement uniforme, l'espace parcouru pendant l'unité de temps. Cette vitesse est constante.

Formules. — e étant l'espace parcouru au bout d'un temps t, v étant la vitesse et e_0 l'espace déjà parcouru par le mobile au moment où l'on commence à compter le temps, on a :

$$e = e_0 + vt$$

$$v = \frac{e - e_0}{t}.$$

Ligne représentative. — La *ligne représentative* du mouvement uniforme est une ligne droite.

La vitesse a pour expression le coefficient angulaire de cette droite.

Si les axes sont rectangulaires et si les échelles sont identiques on a, α étant l'angle de cette droite avec l'axe des temps :

$$v = \text{tg}\,\alpha = C^{te}.$$

Mouvement varié. — Le *mouvement varié* est celui dans lequel les espaces parcourus ne sont pas proportionnels aux temps employés à les parcourir.

Vitesse moyenne. — La *vitesse moyenne* d'un mouvement varié est la vitesse d'un mouvement uniforme qui, pendant le temps considéré, ferait parcourir au mobile le même espace qu'il a parcouru d'un mouvement varié.

Vitesse à un moment donné. — On appelle *vitesse d'un mouvement varié* la limite du rapport de l'accroissement de l'espace à l'accroissement du temps, quand ce dernier accroissement tend vers zéro.

$$v = \text{Lim}\,\frac{e' - e}{\theta}.$$

Si le mouvement est donné par une équation, la vitesse est la dérivée de l'espace par rapport au temps. S'il est donné par une courbe en coordonnées rectangulaires, les espaces et les temps étant rapportés à la même échelle, on a :

$$v = \text{tg } \alpha$$

α étant l'angle que fait, avec l'axe des temps, la tangente à la courbe au point correspondant.

Mouvement uniformément varié. — Le *mouvement uniformément varié* est celui dans lequel la vitesse varie de quantités égales dans des temps égaux.

Si la vitesse augmente, le mouvement est uniformément *accéléré*; si elle diminue, il est uniformément *retardé*.

Accélération. — On appelle *accélération* la quantité constante dont la vitesse augmente ou diminue pendant l'unité de temps.

Formules. — v_0 étant la vitesse initiale et φ l'accélération, on a :

$$v = v_0 \pm \varphi t$$

$$e = v_0 t \pm \frac{\varphi t^2}{2} .$$

La vitesse peut encore s'exprimer par :

$$v = \sqrt{v_0^2 \pm 2 \varphi e} .$$

CHUTE DES CORPS

Lois. — 1° Dans le vide, tous les corps tombent avec la même vitesse; 2° les espaces parcourus croissent proportionnellement aux carrés des temps employés à les parcourir; 3° la vitesse croît proportionnellement au temps de chute.

Remarque. — Les chemins parcourus pendant des intervalles de temps consécutifs égaux sont entre eux comme la suite des nombres impairs.

Formules. — g étant l'accélération due à l'action de la pesanteur, et v_0 la vitesse initiale, on a :

$$v = v_0 \pm g t$$

$$e = v_0 t \pm \frac{g t^2}{2} .$$

La vitesse peut encore s'exprimer par :

$$v = \sqrt{v_0^2 \pm 2ge}\ .$$

Remarques pratiques. — I. Dans tout problème sur le mouvement, se demander tout d'abord quelle est la *nature* du mouvement, et écrire les formules correspondantes.

II. Si dans l'une des formules on ne connaît pas la valeur de l'un des coefficients, t par exemple, on le déduit de l'autre formule en y faisant l'hypothèse convenable.

III. Quand on lance un corps de bas en haut avec une certaine vitesse, il retombe sur le sol avec la même vitesse, ou, en d'autres termes, la vitesse qu'il possède à une certaine hauteur en descendant est égale à celle qu'il avait à cette même hauteur en montant.

IV. La formule $e = v_0 t \pm \dfrac{gt^2}{2}$ ne donne pas l'espace absolu parcouru par le corps, mais la distance à laquelle il se trouve de l'origine au temps t.

PENDULE

Pendule simple. — Le *pendule simple* (pratiquement irréalisable) se compose d'un point matériel suspendu à l'extrémité d'un fil sans poids, parfaitement flexible et inextensible.

Pendule composé. — Le *pendule composé* (seul réalisable) se compose de plusieurs points matériels assujettis à osciller en restant chacun à une distance constante d'un point fixe.

On appelle *oscillation* le trajet effectué par le pendule pour aller d'une position extrême à l'autre.

L'*amplitude* est l'angle d'écart du fil dans les positions extrêmes du pendule.

Lois du pendule. — 1° Dans le vide, la durée des petites oscillations est indépendante de la matière qui constitue le pendule ;

2° Dans un même lieu, les oscillations qui ne dépassent pas 5 ou 6 degrés sont *isochrones* pour un même pendule ;

3° Dans un même lieu, les durées des oscillations de deux pendulés de longueurs différentes, sont proportionnelles aux racines carrées de ces longueurs :

$$\frac{t}{t'} = \frac{\sqrt{l}}{\sqrt{l'}} \, .$$

Formule du pendule. — Les lois du pendule sont renfermées dans la formule :

$$t = \pi \sqrt{\frac{l}{g}} \, .$$

PRINCIPES DE DYNAMIQUE

Principe de l'inertie. — 1° Un point matériel en repos ne peut se mettre de lui-même en mouvement; 2° Un point matériel en mouvement ne peut de lui-même modifier son mouvement.

Egalité de l'action et de la réaction. — Toutes les fois qu'un point matériel agit sur un autre point matériel, celui-ci réagit sur le premier avec une force égale et de sens contraire.

Loi du mouvement relatif. — L'effet d'une force sur un point matériel est indépendant du mouvement antérieurement acquis par ce point.

Force constante. — On appelle *force constante* une force qui conserve la même direction et la même intensité.

Une force constante agissant sur un point matériel libre, partant du repos ou animé d'une vitesse initiale en ligne droite avec la force, imprime à ce corps un mouvement uniformément varié.

Indépendance des effets des forces simultanées. — Lorsque plusieurs forces agissent simultanément sur un point matériel, chacune d'elles produit son effet comme si les autres n'existaient pas.

Proportionnalité des forces constantes aux accélérations. — Deux forces constantes, appliquées successivement à un même corps, sont proportionnelles aux accélérations qu'elles lui impriment.

$$\frac{F}{F'} = \frac{\gamma}{\gamma'} \, .$$

On en déduit :

$$\frac{F}{\varphi} = C^{te}.$$

Masse. — On appelle *masse* d'un corps le rapport constant de l'intensité d'une force appliquée à ce corps à l'accélération du mouvement qu'elle lui imprime.

$$m = \frac{F}{\varphi}.$$

On en déduit :

$$F = m\varphi.$$

Si la force agissante est le poids du corps, on a :

$$m = \frac{P}{g}$$

D'où :

$$P = mg.$$

Unité de masse. — L'*unité de masse* est la masse d'un corps pour lequel une force quelconque appliquée à ce corps est exprimée par le même nombre que l'accélération qu'elle lui imprime.

On a, en particulier, dans le cas de la pesanteur :

$$P = g.$$

A Paris, $g = 9$ m. 8088; l'unité de masse est donc la masse d'un corps qui pèse 9 k. 8088.

Quantité de mouvement. — On appelle *quantité de mouvement* d'un corps à un moment donné, le produit de la masse de ce corps par sa vitesse à l'instant considéré.

$$Q = mv.$$

Remarque. — Les vitesses communiquées par une même force à des corps de masses différentes sont en raison inverse des masses de ces corps.

$$\frac{v}{v'} = \frac{m'}{m}.$$

Force centrifuge. — On appelle *force centrifuge* la réaction qu'un corps exerce sur le système qui l'assujettit à décrire une circonférence d'un mouvement uniforme.

Cette force est dirigée suivant le prolongement du rayon de rotation. Elle a pour expression :

$$F = \frac{mv^2}{R} .$$

R étant le rayon de rotation.

En fonction de la vitesse angulaire ω, on a :

$$F = m\omega^2 R .$$

Remarques pratiques. — 1. L'accélération du mouvement dans une machine d'Atwood dont les poids égaux sont P chacun, et la masse additionnelle p, est donnée par l'expression :

$$\varphi = g \times \frac{p}{2P + p} .$$

Pour un corps qui descend le long d'un plan incliné d'un angle α sur l'horizon, l'accélération est donnée par :

$$\varphi = g \sin \alpha .$$

II. Dans les problèmes de dynamique, exprimer toutes les forces en kilogrammes, les longueurs en mètres et les temps en secondes.

Ne pas oublier que le poids d'un corps s'exprime, en fonction de la masse, par $P = mg$.

TRAVAIL DES FORCES

Travail d'une force constante. — Si le point d'application de la force se déplace suivant la direction de la force, le travail est égal au produit de l'intensité de la force par la longueur du chemin parcouru.

$$T = Fe .$$

Si la direction du déplacement fait un angle α avec la direction de la force, le travail a pour expression :

$$T = Fe \cos \alpha .$$

Travail de la pesanteur. — Le travail de la pesanteur est égal au produit du poids du corps par le déplacement *vertical* de son centre de gravité.

$$T = Ph .$$

Force vive. — On appelle *force vive* d'un point matériel en mouvement le produit de sa masse par le carré de sa vitesse.

Théorème des forces vives. — Le *travail total* de toutes les forces appliquées à un point matériel, est égal à la demi-variation de la force vive de ce point :

$$T = \frac{mv^2}{2} - \frac{mv_0^2}{2}.$$

Si la vitesse initiale est nulle, on a simplement :

$$T = \frac{mv^2}{2}.$$

Unité de travail. — L'unité de travail est le kilogrammètre; c'est le travail correspondant au travail nécessaire pour élever un poids d'un kilogramme à un mètre de hauteur.

—

Remarque pratique. — Dans les problèmes sur le travail, prendre l'une ou l'autre des deux formules :

$$T = Fe \quad \text{ou} \quad T = \frac{1}{2}mv^2 - \frac{1}{2}mv_0^2.$$

suivant que l'on donne ou que l'on demande l'espace ou la vitesse.

ÉNERGIE

Définition. — On appelle *énergie* d'un corps l'aptitude que possède ce corps à effectuer un travail.

Energie potentielle. — L'*énergie potentielle* d'un corps est égale au travail possible que le corps peut produire à un moment donné.

Energie actuelle. — L'*énergie actuelle* est égale au travail produit par le corps à un instant déterminé.

Remarque. — L'*énergie totale* d'un corps est égale à la somme de son énergie actuelle et de son énergie potentielle.

Conservation de l'énergie. — L'énergie ne disparaît jamais; elle ne peut que se *transformer* en mouvement, en chaleur, en lumière, en électricité, etc.

MESURES ABSOLUES. — UNITÉS C. G. S.

Unités fondamentales. — L'unité de *longueur* est le *centimètre*; l'unité de *masse* est la masse d'un centimètre cube d'eau distillée à 4° centigrades; on lui donne le nom de *gramme-masse*. L'unité de *temps* est la *seconde* de temps moyen, c'est-à-dire la 86.400ᵉ partie du jour solaire moyen.

Unités dérivées. — L'unité de *surface* est le *centimètre carré*. L'unité de *volume* est le *centimètre cube*.

L'unité de *vitesse* est la vitesse d'un mobile qui parcourt, d'un mouvement uniforme, une longueur d'un centimètre par seconde.

L'unité d'*accélération* est l'accélération d'un mouvement dont la vitesse s'accroît d'un centimètre par seconde.

L'unité de *force* est la *dyne*. C'est la force qui, agissant sur l'unité de masse, lui imprime une accélération d'un centimètre par seconde.

L'unité de *travail* est l'*erg*. C'est le travail correspondant au travail d'une dyne qui déplace son point d'application d'un centimètre dans sa propre direction. C'est la dyne-centimètre.

—

Remarques. — I. A Paris, l'accélération due à l'action de la pesanteur est égale à 980 centim. 8, c'est-à-dire à 981 centimètres environ.

II. Une force d'un gramme équivaut à 981 dynes environ. La dyne équivaut donc à peu près à une force d'un milligramme.

III. Un travail d'un kilogrammètre équivaut à 98.100.000 ou 981×10^5 ergs.

IV. La dyne et l'erg étant des unités très petites, on emploie comme unités secondaires la *mégadyne* qui vaut un million de dynes (à peu près un kilogram.), et le *mégerg* qui vaut un million d'ergs (environ un centième de kilogrammètre).

HYDROSTATIQUE

—

ÉQUILIBRE DES LIQUIDES

Principe de Pascal. — Lorsque, sur une portion plane de la surface d'un liquide, on exerce une pression déterminée, cette pression se transmet intégralement à toute portion de paroi plane ayant une surface égale à la première.

Il en résulte que les pressions sont proportionnelles aux surfaces

$$\frac{P}{P'} = \frac{S}{S'} \, .$$

Dans un liquide pesant, homogène, en équilibre, la pression est la même sur tous les éléments égaux situés dans un même plan horizontal.

Conséquence. — La différence des pressions supportées par deux éléments horizontaux de même surface est égale au poids d'une colonne cylindrique de liquide ayant pour base l'un des éléments et pour hauteur la différence verticale de niveau des deux éléments :

$$D = S(h - h') \, d \, .$$

Pression sur le fond horizontal d'un vase. — Cette pression est indépendante de la forme du vase et, par conséquent, de la masse de liquide qu'il renferme. Elle est égale au poids d'une colonne cylindrique de liquide ayant pour base la surface du fond, et pour hauteur la distance verticale du fond à la surface libre du liquide.

Pression sur une surface plane quelconque. — Cette pression est égale au poids d'une colonne liquide ayant pour base la surface, et pour hauteur la distance de son centre de gravité à la surface libre du liquide.

La pression est appliquée en un point qu'on appelle *centre de pression*. Si la surface n'est pas horizontale, le centre de pression est situé au-dessous du centre de gravité.

Questions de cours importantes. — Presse hydraulique. — Appareils de Masson et de Baldat.

———

VASES COMMUNICANTS

Principes.—I. *Cas d'un seul liquide.*—Dans un système de vases communicants, les surfaces libres du liquide sont dans un même plan horizontal.

II. *Cas de deux liquides.* — Si deux liquides sont contenus dans deux vases communicants, les hauteurs des colonnes liquides, comptées à partir du plan horizontal passant par la surface de séparation des deux liquides, sont en raison inverse des densités de ces liquides.

$$\frac{h}{h'} = \frac{d'}{d}.$$

—

Remarques pratiques.—I. Dans les problèmes, avoir bien soin de compter les hauteurs à partir du plan horizontal mené par le plan de séparation des deux liquides.

II. Les hauteurs sont indépendantes de la forme et du volume des vases.

PRINCIPE D'ARCHIMÈDE

Enoncé. — Tout corps plongé dans un liquide en équilibre subit une poussée verticale, dirigée de bas en haut, égale au poids du liquide déplacé par le corps.

$$P = V \times d.$$

(P, poussée; V, volume du corps; d densité du liquide.)

Corps flottants. — *Conditions d'équilibre :* 1° Le poids du liquide déplacé est égal au poids total du corps flottant; 2° le centre de gravité et le centre de poussée sont sur une même verticale.

Liquides superposés. — Lorsque plusieurs liquides non miscibles sont placés dans un même vase, ils se superposent par ordre de densité croissante à partir de la surface libre du liquide supérieur, et la surface de séparation de deux liquides contigus est horizontale.

—

Remarques pratiques — 1. On appelle *poids apparent* d'un corps plongé dans un liquide, son poids absolu diminué de la poussée.

II. Dans tous les problèmes sur les corps flottants, il suffit d'écrire que le poids total de tout ce qui flotte est égal au poids du liquide déplacé.

III. Si le corps flottant est gradué, on représente par V le volume du corps jusqu'au zéro de la graduation, en prenant pour unité de volume le volume d'une division. On écrit alors autant d'équations qu'il y a de liquides différents dans lesquels on le fait flotter (y compris le liquide qui a servi à graduer l'appareil) et on en déduit l'inconnue demandée.

Question de cours importante. — Vérification expérimentale du principe d'Archimède.

POIDS SPÉCIFIQUES. — DENSITÉ

Poids spécifique. — On appelle *poids spécifique* d'un corps le poids de l'unité de volume de ce corps.

$$D = \frac{P}{V} .$$

Densité relative. — On appelle *densité relative* d'un corps, ou simplement *densité*, le rapport du poids de ce corps au poids d'un égal volume d'eau à 4° centigrades.

Relation entre le poids P d'un corps, son volume V et sa densité relative D.

$$P = VD .$$

Remarques pratiques. — I. Pour obtenir la densité d'un corps par rapport à un liquide autre que l'eau, il suffit de diviser la densité du corps par rapport à l'eau, par la densité de ce liquide par rapport à l'eau.

II. Dans les problèmes sur les densités, avoir soin de se servir des unités correspondantes. Si l'on prend le décimètre cube pour unité de volume, le poids est exprimé en kilogrammes; au centimètre cube correspond le gramme, etc.

III. Le poids étant constant, la densité diminue quand le volume augmente.

IV. Le poids spécifique est proportionnel à la densité. Dans un même lieu on confond ces deux expressions.

Questions de cours importantes. — I. Détermination de la densité des solides : 1° par l'aréomètre de Nicholson ; 2° par la méthode du flacon ; 3° par la balance hydrostatique.

II. Détermination de la densité des liquides : 1° par l'aréomètre de Fahrenheit ; 2° par la méthode du flacon ; 3° par la balance hydrostatique.

III. Aréomètres à volume constant. (A. Fahrenheit et Nicholson.)

IV. Aréomètres Baumé. Graduation : pour les liquides plus denses que l'eau, 0 dans l'eau pure, 15 dans une solution à 15 pour 100 de sel marin. Pour les liquides moins denses que l'eau : 0 dans une solution à 10 pour 100 de sel marin ; 10 dans l'eau pure.

V. Graduation de l'alcoomètre centésimal de Gay-Lussac.

CAPILLARITÉ. — OSMOSE

Phénomène expérimental. — Dans un tube capillaire, on observe une ascension du liquide si celui-ci mouille le tube, et une dépression s'il ne le mouille pas.

Lois de Jurin. — 1° Pour un même liquide, l'ascension, comme la dépression, est inversement proportionnelle au diamètre du tube.

2° L'ascension, comme la dépression, est indépendante de l'épaisseur du tube et de la nature de sa substance.

3° Pour un même tube, l'ascension, comme la dépression, varie avec la nature du liquide.

Diffusion. — Phénomène par lequel deux fluides miscibles mis en présence se pénètrent mutuellement, de manière qu'au bout d'un certain temps le mélange soit homogène.

Osmose. — Phénomène par lequel deux fluides miscibles séparés par une membrane se mélangent en traversant la membrane.

STATIQUE DES GAZ

Principes. — I. Dans un gaz pesant en équilibre, la pression est la même en tous les points d'un même plan horizontal.

II. La pression exercée en un point de la paroi du récipient qui renferme un gaz est normale à cette paroi.

III. La pression supportée par un élément plan pris au sein d'un gaz est indépendante de son orientation.

Atmosphère. — On appelle *atmosphère* la couche d'air qui enveloppe le globe terrestre.

Pression atmosphérique. — La *pression atmosphérique* se mesure par la hauteur de la colonne de mercure dans l'expérience de Toricelli.

La pression atmosphérique normale est celle qui correspond à une colonne de mercure de 76 centimètres de hauteur.

On appelle *pression d'une atmosphère* une pression de 1.033 gr. par centimètre carré. C'est le poids d'une colonne verticale de mercure ayant 1 centimètre carré de base et 76 centimètres de hauteur.

La pression totale exercée par l'atmosphère sur une surface donnée est égale au poids absolu d'une colonne de mercure ayant pour base la surface pressée et pour hauteur la différence verticale des niveaux du mercure dans le tube et dans la cuvette, dans l'expérience de Toricelli.

Densité d'un gaz. — On appelle *densité d'un gaz* le rapport entre le poids d'un certain volume de ce gaz, et le poids d'un même volume d'air pris tous deux à la température de 0° et à la pression de 76 centimètres.

La densité de l'air est 1. Un litre d'air à zéro et à la pression de 76 centimètres pèse 1 gr. 293.

———

Remarques pratiques — I. Pour exprimer en atmosphères une pression exprimée en kilogrammes, et qui s'exerce sur une certaine surface S, il suffit de diviser cette pression par 1,033 et par la surface exprimée en centimètres carrés.

$$A = \frac{P}{S \times 1,033} \cdot$$

On peut encore chercher quelle serait la hauteur d'une colonne de mercure qui aurait pour base la surface, et dont le poids serait égal à la pression donnée. Le quotient de cette hauteur par 76 centimètres sera le nombre d'atmosphères équivalent à la pression exprimée en kilogrammes.

II. Si l'on avait à comparer des pressions données par une colonne de mercure et par une colonne d'un autre liquide, il faudrait convertir la hauteur de la colonne du liquide en colonne de mercure en écrivant que les hauteurs sont en raison inverse des densités. (Densité du mercure : 13,6.)

$$\frac{H}{h} = \frac{d}{13,6}$$

d'où :

$$H = h \frac{d}{13,6} .$$

Si, en particulier, le liquide est de l'eau (cas des pompes), il suffit de diviser la hauteur de la colonne d'eau par 13,6.

On pourrait, ce qui est plus simple dans ce cas, convertir la colonne de mercure en colonne d'eau en multipliant la hauteur de la colonne de mercure par 13,6.

III. On trouve le poids d'un gaz en multipliant son volume par sa densité et par 1,293.

$$P = V \times D \times 1,293 .$$

Si le volume est exprimé en litres, on a le poids en grammes.

Quand le gaz n'est pas sous la pression normale, on l'y ramène en multipliant son volume par $\frac{H}{76}$, H étant sa pression exprimée en centimètres de mercure.

$$P = V \times \frac{H}{76} \times D \times 1,293 .$$

Nous verrons plus loin que si la température n'est pas zéro, il faut de plus y ramener le volume.

IV. La pression d'un gaz contenu dans un tube fermé reposant par son extrémité ouverte sur une cuve contenant un liquide quelconque qui s'élève dans le tube, est égale à la pression atmosphérique diminuée de la hauteur de la colonne liquide contenue dans le tube, la pression atmosphérique et cette colonne liquide étant exprimées comme l'indique la Remarque II.

Questions de cours importantes. — Expérience de Toricelli. — Construction du baromètre à cuvette. — Baromètre à siphon, Baromètre de Gay-Lussac. — Cuvette du baromètre Fortin.

LOI DE MARIOTTE

Enoncé. — A une même température, les volumes occupés par une même masse de gaz sont inversement proportionnels aux pressions qu'elle supporte.

$$\frac{V}{V'} = \frac{H'}{H}$$

ou :

$$VH = C^{te} .$$

Conséquence. — D et D' étant les densités d'une même masse de gaz sous des volumes différents, on a, le poids restant constant :

$$P = VD = V'D'$$

d'où :

$$\frac{D}{D'} = \frac{V'}{V} .$$

On a aussi, par conséquent :

$$\frac{D}{D'} = \frac{H}{H'} .$$

—

Remarques pratiques. — I. Cette formule est applicable toutes les fois que, dans un problème, il est question d'une masse gazeuse emprisonnée dans une enceinte, quand il n'entre aucune nouvelle molécule ou qu'il ne s'en échappe aucune. (En particulier dans les problèmes sur les chambres barométriques renfermant de l'air, sur les manomètres à air comprimé, sur les pompes, etc.)

On exprime les volumes V et V', les pressions H et H', dans chacun des états de la masse gazeuse, et on applique la formule VH = V'H'. (Faire deux figures, l'une représentant le volume dans le premier état, l'autre le représentant dans le second état.)

II. Pour exprimer en grammes la pression totale exercée par un gaz sur une surface, il suffit de multiplier la pression en atmosphères par 1.033 et par la surface exprimée en centimètres carrés.

On peut aussi l'exprimer par le poids d'une colonne de mercure ayant pour base la surface considérée exprimée en centimètres carrés, et pour hauteur autant de fois 76 centimètres que cette pression vaut d'atmosphères. (Densité du mercure : 13,6.)

$$P = A \times 1.033 \times S = S \times A \times 76 \times 13,6 .$$

Questions de cours importantes. — Vérification de la loi de Mariotte pour les pressions supérieures et inférieures à la pression atmosphérique. — Manomètre à air libre. — Manomètre à air comprimé.

MÉLANGE DES GAZ

Lois. — 1° Quand plusieurs gaz sont mélangés, chacun d'eux occupe le volume total du récipient, sous une pression égale à celle qu'il aurait s'il occupait seul le volume total.

2° A température constante, la force élastique du mélange est égale à la somme des forces élastiques que possède chacun des composants considéré comme s'il occupait seul tout le volume du récipient.

$$H = \frac{vh + v'h' + \ldots \ldots}{V}$$

(v, v',... volumes des composants sous les pressions respectives h, h',... ; V, volume du mélange; H, sa pression.)

—

Remarque pratique. — Dans les problèmes sur le mélange des gaz, on applique à chacun des gaz en particulier la formule de Mariotte $VH = V'H'$, en considérant le volume et la pression avant et après le mélange. On en déduit la pression qu'exerce chacun d'eux dans le mélange; la somme de ces pressions est la pression du mélange.

Question de cours importante. — Établissement de la formule ci-dessus.

DISSOLUTION DES GAZ

Lois (*Dalton*). — 1° Le poids d'un gaz dissous dans un liquide est proportionnel à la pression que ce gaz exerce sur la surface du liquide, quand celui-ci en est saturé.

2° Quand un mélange de plusieurs gaz est en présence d'un liquide, chacun d'eux se dissout comme s'il était seul.

Remarque. — La solubilité d'un gaz dans un liquide diminue quand la température du liquide s'élève; à l'ébullition, celui-ci abandonne complètement les gaz qu'il avait dissous.

Coefficient de solubilité. — On appelle *coefficient de solubilité* d'un gaz dans un liquide, le rapport du volume de gaz dissous par ce liquide, au volume du liquide, le volume du gaz étant mesuré sous la pression qu'exerce le gaz à la surface du liquide.

MACHINE PNEUMATIQUE. — MACHINE DE COMPRESSION

Formules. — H_0 étant la pression initiale du gaz dans le récipient, V étant le volume de celui-ci et v celui du corps de pompe, la pression de l'air du récipient, après n coups de piston, est, pour la machine pneumatique :

$$H_n = H_0 \left(\frac{V}{V + v} \right)^n$$

et pour la pompe de compression :

$$H_n = H_0 + H \frac{nv}{V}$$

H étant la pression, supposée constante, du milieu dans lequel la pompe puise le gaz à comprimer.

Coefficient de compressibilité. — On appelle *coefficient de compressibilité* la contraction de l'unité du volume sous une pression excédant la pression normale du poids d'une colonne de mercure d'un mètre.

Limites de raréfaction et de compression. — En appelant u le volume de l'espace nuisible, la limite est atteinte lorsque l'on a, pour la machine pneumatique :

$$f = H \frac{u}{v}$$

et pour la pompe de compression :

$$f = H \frac{v}{u}$$

Questions de cours importantes. — Description et jeu de la machine pneumatique et de la pompe de compression. Calcul de la force élastique dans le récipient après n coups de piston.

SIPHON. — POMPES

Principes. — 1. Pour qu'un siphon puisse fonctionner, il faut que la distance verticale du point le plus haut du siphon à la surface libre du liquide à transvaser soit plus petite que :

$$H \frac{13,6}{D}$$

H étant la hauteur barométrique, et D la densité du liquide à transvaser.

II. La pression supportée par une section S à l'orifice du tube est égale au poids d'une colonne de liquide ayant pour base la section du tube, et pour hauteur la distance verticale de l'orifice d'écoulement à la surface libre du liquide à transvaser.

$$P = S(h - h')d .$$

Pompe aspirante. — Soient S la surface du piston, h la distance du niveau du liquide dans le réservoir, au tuyau de déversement, et d la densité de ce liquide, l'effort à faire pour soulever le piston, quand la pompe est amorcée, est :

$$E = S \times h \times d$$

C'est le poids d'une colonne liquide ayant pour base le piston, et pour hauteur la distance des deux niveaux dans le réservoir et dans le corps de pompe.

L'effort est indépendant de la position du piston.

Pompe foulante. — L'effort à faire pour abaisser le piston, dans la pompe foulante, est égal au poids d'une colonne de liquide ayant pour base la surface S du piston, et pour hauteur la distance h de la surface inférieure du piston à la surface libre du liquide dans le tuyau de refoulement

$$E = S \times h \times d .$$

Pipette. — Soient L la longueur de la pipette, h la hauteur du liquide avant l'écoulement, H la pression atmosphérique, d la densité du liquide ; la hauteur du liquide quand l'écoulement s'arrête est donnée par l'expression :

$$x = \frac{H + L}{2} - \frac{\sqrt{(H+L)^2 - 4Hh}}{2}$$

Il doit être exprimé en colonne du liquide contenu dans la pipette.

Remarques pratiques. — I. Pour calculer la hauteur à laquelle l'eau s'élève dans le tuyau d'aspiration d'une pompe aspirante quand elle commence à fonctionner, on applique la formule de Mariotte $VH = V'H'$ à la masse d'air emprisonnée sous le piston. Il est avantageux, dans ce cas, d'exprimer la valeur de la pression atmosphérique en colonne d'eau. (Rem. II, p. 33.)

II. Dans les problèmes sur les pompes, avoir soin d'exprimer toutes les longueurs en prenant la même unité, le centimètre par exemple, et toutes les surfaces en unités correspondantes, le centimètre carré par exemple.

Questions de cours importantes. — Description et jeu de la pompe aspirante et de la pompe foulante. — Théorie du siphon.

PRINCIPE D'ARCHIMÈDE APPLIQUÉ AUX GAZ

Principe. — Tout corps plongé dans un gaz éprouve une poussée verticale dirigée de bas en haut égale au poids du volume de gaz qu'il déplace.

Poids apparent. — On appelle *poids apparent* d'un corps dans l'air, son poids absolu diminué de la poussée qu'il subit.

$$P' = P - V \times 1,293 .$$

Force ascensionnelle. — On appelle *force ascensionnelle* d'un aérostat la différence entre son poids (y compris celui du gaz) et le poids de l'air qu'il déplace.

$$F = P - V \times 1,293 .$$

Remarque. — Dans le cas où la température serait différente de zéro, et la pression différente de 76 centimètres, il faudrait en tenir compte ainsi qu'il sera indiqué dans la question relative au poids des gaz, page 43; Remarques II, III et IV.

Question de cours importante. — Explication de l'expérience du baroscope.

CHALEUR

—

DILATATION DES CORPS SOLIDES

Coefficient de dilatation linéaire. — On appelle *coefficient de dilatation linéaire* l'augmentation de longueur qu'éprouve l'unité de longueur d'un corps quand on élève la température de 1 degré centigrade (*coeff. moyen*).

Formule unique :

$$l = l_0(1 + \delta t)$$

l, longueur à la température t; l_0, longueur à zéro; δ, coefficient de dilatation linéaire; t, température.

Coefficient de dilatation superficielle. — Le coefficient de dilatation *superficielle* est sensiblement égal au double du coefficient de dilatation linéaire.

Coefficient de dilatation cubique. — On appelle *coefficient de dilatation cubique* l'augmentation de volume qu'éprouve l'unité de volume quand on élève la température de 1 degré centigrade (*coeff. moyen*).

Formule unique :

$$V = V_0(1 + Kt)$$

V, volume à la température t; V_0, volume à zéro; K, coefficient de dilatation cubique; t, température.

Remarque. — Le coefficient de dilatation cubique est sensiblement égal au triple du coefficient de dilatation linéaire.

Relation entre les densités D et D' d'un corps à différentes températures t et t'

$$\frac{D}{D'} = \frac{1 + Kt'}{1 + Kt} .$$

Questions de cours importantes. — Détermination du coefficient de dilatation linéaire des solides. (Méthode de Lavoisier et Laplace.) — Établir la relation qui existe entre le coefficient de dilatation linéaire et le coefficient de dilatation cubique.

DILATATION DES LIQUIDES

Les formules de dilatation des liquides sont les mêmes que pour les solides.

Dilatation absolue. — On appelle *dilatation absolue* d'un liquide sa dilatation réelle, abstraction faite de celle de l'enveloppe qui le renferme.

Entre la dilatation absolue D, la dilatation apparente A, la dilatation de l'enveloppe E, le coefficient de dilatation de l'enveloppe K, et la température t, on a la relation :

$$D = A + E + AKt .$$

Le terme AKt étant négligeable dans le second membre, on peut dire que la dilatation absolue est égale à la dilatation apparente augmentée de la dilatation de l'enveloppe.

———

Remarques pratiques. — I. Le coefficient de dilatation donné pour un liquide est toujours, à moins qu'il ne soit indiqué autrement, le coefficient de dilatation cubique.

II. Dans tous les problèmes sur la dilatation des liquides, on écrit que le volume du liquide à la température de l'énoncé est égal au volume de l'enveloppe à cette même température.

III. Si le récipient est gradué, on désigne par V le volume jusqu'au zéro de la graduation, et par v le volume d'une division. V est alors exprimé en fonction de v.

IV. Si l'énoncé donne le coefficient de dilatation absolue, on écrit l'égalité des volumes réels du liquide et de l'enveloppe ; s'il donne le coefficient de dilatation apparente, on écrit l'égalité de leurs volumes apparents.

Questions de cours importantes. — Détermination de coefficient de dilatation absolue du mercure. (Méthode de Dulong et Petit.) — Thermomètre à poids.

———

THERMOMÈTRES

Graduation. — *Centigrade:* zéro dans la glace fondante ; 100 dans la vapeur d'eau bouillante sous la pression de 76 centimètres.

Réaumur : zéro dans la glace fondante ; 80 dans la vapeur d'eau bouillante sous une pression de 76 centimètres.

Fahrenheit : zéro dans un mélange à poids égaux de glace pilée et de chlorure d'ammonium ; 212 dans la vapeur d'eau bouillante sous une pression de 76 centimètres.

Conséquences. — 100 degrés centigrades valent 80 degrés Réaumur ou 180 degrés Fahrenheit.

Le zéro du thermomètre centigrade correspond au zéro du thermomètre Réaumur et au degré 32 du thermomètre Fahrenheit.

Conversion des degrés. — C désignant un degré centigrade, R un degré Réaumur et F un degré Fahrenheit, on a entre eux les relations suivantes :

$$C = \frac{4}{5}R \qquad \text{ou} \qquad R = \frac{5}{4}C$$

$$C = \frac{9}{5}F \qquad \text{ou} \qquad F = \frac{5}{9}C$$

$$R = \frac{9}{4}F \qquad \text{ou} \qquad F = \frac{4}{9}R.$$

Coefficient thermométrique. — V et v étant les volumes occupés par la substance thermométrique aux températures de 100° et de zéro, on appelle *coefficient thermométrique* le rapport :

$$\frac{V - v}{100v} \cdot$$

Par définition, le coefficient moyen de dilatation d'une substance thermométrique est constant.

—

Remarques pratiques. — Quand le thermomètre centigrade marque C degrés, le thermomètre Réaumur marque :

$$C \times \frac{4}{5}$$

et le thermomètre Fahrenheit :

$$C \times \frac{9}{5} + 32 \; .$$

Quand le thermomètre Réaumur marque R degrés, le thermomètre centigrade marque :

$$R \times \frac{5}{4}$$

et le thermomètre Fahrenheit :

$$F \times \frac{9}{4} + 32 .$$

Quand le thermomètre Fahrenheit marque F degrés, le thermomètre centigrade marque :

$$(F - 32) \times \frac{5}{9}$$

et le thermomètre Réaumur :

$$(F - 32) \times \frac{4}{9} .$$

Question de cours importante. — Construction et graduation du thermomètre centigrade.

DILATATION DES GAZ

Equation des gaz parfaits. — Tous les problèmes relatifs à la dilatation des gaz secs se résolvent par l'application de la formule suivante, dite *équation des gaz parfaits* :

$$\frac{VH}{1 + \alpha t} = \frac{V'H'}{1 + \alpha t'}$$

V et H étant le volume et la pression à la température t; V' et H' étant le volume et la pression à la température t'.

Remarque. — Le coefficient de dilatation de l'air et des gaz en général est :

$$\alpha = \frac{1}{273} = 0,00367 .$$

Remarques pratiques. — Afin de simplifier l'écriture, il est parfois avantageux de remplacer par une lettre la valeur numérique d'un coefficient de dilatation, car cette valeur est souvent représentée par cinq ou six chiffres décimaux. On le remplace par sa valeur numérique dans le résultat final seulement.

Questions de cours importantes. — Détermination du coefficient de dilatation des gaz par la méthode de Gay-Lussac. — Thermomètre à air.

POIDS DES GAZ. — DENSITÉS

Poids spécifique d'un gaz. — On appelle *poids spécifique* d'un gaz le poids de l'unité de volume de ce gaz à zéro et sous une pression de 76 centimètres de mercure.

Densité d'un gaz. — On appelle *densité d'un gaz* le rapport entre les poids de volumes égaux de gaz et d'air pris tous deux à la température de zéro et sous une pression de 76 centimètres.

—

Remarques pratiques — I. Les densités d'un même gaz, soumis à la même pression, mais à des températures différentes, sont inversement proportionnelles aux binômes de dilatation correspondant à ces températures.

$$\frac{D}{D'} = \frac{1 + \alpha t'}{1 + \alpha t} .$$

Si les pressions sont différentes, on a :

$$\frac{D}{D'} = \frac{H}{H'} \times \frac{1 + \alpha t'}{1 + \alpha t} .$$

II. Le poids d'un certain volume de gaz s'obtient en multipliant ce volume, ramené à zéro et à la pression normale s'il ne l'est pas, par sa densité et par 1,293 :

$$P = V_0 \times D \times 1,293 .$$

Si le volume est exprimé en décimètres cubes, le poids le sera en grammes.

III. Pour ramener à zéro un volume gazeux qui se trouve à une température t, on divise ce volume par le binôme de dilatation :

$$V_0 = \frac{V}{1 + \alpha t} .$$

IV. Pour ramener à la pression normale (76 cent.) un volume gazeux qui se trouve à la pression H, on le multiplie par $\frac{H}{76}$.

$$V' = V \frac{H}{76} .$$

V. Pour un même volume de gaz à la même température mais

à des pressions différentes, les poids sont proportionnels aux pressions.

$$\frac{P}{P'} = \frac{H}{H'} .$$

VI. Pour un même volume de gaz soumis à la même pression, mais à des températures différentes, les poids sont proportionnels aux densités, et, par suite, inversement proportionnels aux binômes de dilatation.

$$\frac{P}{P'} = \frac{D}{D'} = \frac{1 + at'}{1 + at} .$$

VII. La densité d'un gaz par rapport à l'eau s'obtient en multipliant sa densité par rapport à l'air par 0,001293.

Questions de cours importantes. — Détermination de la densité des gaz par la méthode de Regnault. — Densité des gaz qui attaquent les métaux. — Détermination du poids du litre d'air normal.

CHANGEMENTS D'ÉTAT DES CORPS

Fusion. — On appelle *fusion* le passage d'un corps de l'état solide à l'état liquide sous l'action de la chaleur.

Lois de la fusion. — 1° Sous pression constante, un corps fond à une température déterminée invariable qu'on appelle son *point de fusion*.

2° Dès que la fusion est commencée, la température reste constante jusqu'à ce que la fusion soit complète.

Solidification. — La *solidification* est le passage d'un liquide à l'état solide sous l'effet du refroidissement.

Lois de la solidification. — 1° Un même liquide se solidifie toujours à la même température qui est celle de la fusion.

2° La température reste constante jusqu'à ce que la solidification soit complète.

Surfusion. — On appelle *surfusion* le phénomène par lequel un corps demeure liquide à une température inférieure à celle de son point normal de solidification.

Dissolution. — La *dissolution* est le passage d'un corps de l'état solide à l'état liquide au sein d'un liquide.

On étend cette définition au mélange des liquides entre eux et à l'absorption des gaz par les liquides.

Vaporisation. — On appelle *vaporisation* le passage d'un corps de l'état liquide à l'état gazeux. Elle peut se faire par *évaporation* ou par *ébullition*.

Evaporation. — On appelle *évaporation* la formation de vapeurs à la surface libre d'un liquide.

Ebullition. — L'*ébullition* est le passage d'un liquide à l'état gazeux par la production, au sein de la masse liquide, de bulles de vapeur qui viennent crever à la surface.

Lois de l'ébullition. — 1° Sous une même pression, un même liquide bout toujours à la même température.

2° La température de la vapeur demeure constante pendant toute la durée de l'ébullition.

3° Quand un liquide bout, la force élastique de sa vapeur est égale à la pression que supporte le liquide.

Condensation. — On appelle *condensation* le passage d'une vapeur de l'état gazeux à l'état liquide.

On réserve le nom de *vapeur* à l'état gazeux des corps qui, dans les conditions ordinaires de température et de pression, existent à l'état liquide, tandis qu'on appelle *gaz*, ceux qui existent ordinairement à l'état gazeux.

Liquéfaction. — On appelle *liquéfaction* le passage d'un gaz de l'état gazeux à l'état liquide.

Point critique. — On appelle *point critique* la température au-dessus de laquelle un gaz ne peut plus être liquéfié, quelle que soit la pression.

Questions de cours importantes. — Fusion. — Dissolution. — Ebullition.

VAPEURS

Vapeur saturante. — Une vapeur est dite *saturante* lorsqu'elle se trouve en contact avec un excès du liquide qui lui a donné naissance. Elle est dite *non saturante* dans le cas contraire.

Tension maximum. — On appelle *tension maximum* d'une

vapeur pour une température donnée, la force élastique de cette vapeur lorsque celle-ci est saturante à cette température.

A température constante, la tension maximum reste la même, quel que soit le volume, pourvu que la vapeur soit toujours saturante.

Quand un liquide est en ébullition, la tension maximum de la vapeur qu'il émet est égale à la pression qui s'exerce à la surface libre du liquide.

Principe de la paroi froide (*Wall*). — Quand une vapeur saturante se trouve dans un espace dont les divers points sont à des températures différentes, la tension maximum de cette vapeur est partout la même et égale à la tension maximum correspondant à la température du point le plus froid.

Mélange des gaz et des vapeurs. — Dans un gaz, toute vapeur saturante possède la même tension maximum que si elle était dans le vide à la même température.

Dans un mélange de vapeurs saturantes, chacune d'elles se comporte comme si elle était seule.

Densité. — On appelle *densité* d'une vapeur le rapport entre les poids d'un même volume de vapeur et d'air pris dans les mêmes conditions de température et de pression.

La densité de la vapeur d'eau à zéro est 0,622.

—

Remarques pratiques. — I. Quand une vapeur n'est pas saturante, elle se comporte absolument comme un gaz. Donc, tout ce qui a été dit pour les gaz (p. 34 et 35) s'applique intégralement aux vapeurs non saturantes.

II. Si, en faisant subir différentes transformations à une même masse de vapeur (variations de volume, de pression), on désire savoir si celle-ci devient saturante ou non, on cherche le poids de la vapeur qui saturerait le volume final en tenant compte de la température et de la pression auxquelles il se trouve. Si on trouve un poids supérieur au poids de la vapeur avant la transformation, celle-ci n'est pas saturante ; elle serait saturante dans le cas contraire ; l'excès, dans ce dernier cas, serait le poids de la vapeur condensée.

Questions de cours importantes. — Formation des vapeurs dans le vide. — Détermination de la force élastique maximum de la vapeur d'eau à différentes températures. Méthode de Dalton et surtout méthode de Regnault. — Expérience démontrant que les vapeurs se comportent dans les gaz comme dans le vide. — Détermination des densités de vapeur. — Théorie de la rosée.

HYGROMÉTRIE

Etat hygrométrique. — On appelle *état hygrométrique* ou *fraction de saturation* le rapport de la force élastique de la vapeur d'eau existant dans l'air, à la force élastique maximum qu'aurait cette vapeur si elle était saturante à la même température.

$$E = \frac{f}{F} .$$

L'état hygrométrique est égal au quotient du poids de la vapeur d'eau contenue dans un certain volume d'air humide, par le poids de la vapeur qui serait contenu dans le même volume, à la même température, si l'air était saturé.

$$E = \frac{p}{P} .$$

Poids d'une masse d'air humide. — Ce poids se compose du poids de l'air sec augmenté du poids de la vapeur. Si H est la force élastique du mélange et f celle de la vapeur d'eau, la force élastique de l'air sec est H — f.

$$\text{Poids de l'air sec} = \frac{V}{1 + \alpha t} \times \frac{H - f}{76} \times 1,293$$

$$\text{Poids de la vapeur} = \frac{V}{1 + \alpha t} \times \frac{f}{76} \times 0,622 \times 1,293 .$$

Principe des hygromètres à condensation. — Quand un corps se refroidit dans l'atmosphère, il refroidit la masse d'air humide qui l'entoure, sans que la force élastique de la vapeur qu'elle contient soit modifiée, non plus que la pression totale.

Questions de cours importantes. — Hygromètre chimique. — Hygromètre de Daniell. Principe et manipulation.

CALORIMÉTRIE

Calorie. — La *calorie* est l'unité de mesure pour la chaleur. C'est la quantité de chaleur nécessaire pour élever d'un degré centigrade la température d'un kilogramme d'eau.

On appelle *petite calorie* la quantité de chaleur nécessaire pour élever d'un degré centigrade la température d'un gramme d'eau.

La petite calorie est la millième partie de la calorie ordinaire ou *grande calorie*.

Chaleur spécifique. — On appelle *chaleur spécifique* d'un corps le nombre de calories nécessaires pour élever d'un degré centigrade la température d'un kilogramme de ce corps.

Il résulte de cette définition que pour élever de la température t à la température t' un poids égal à p kilogrammes d'un corps dont la chaleur spécifique est c, il faut employer un nombre de calories représenté par l'expression :

$$Q = pc(t' - t) .$$

Il résulte de la définition de la calorie que la chaleur spécifique de l'eau est 1.

Loi de Dulong et Petit. — Les atomes des différents corps simples exigent la même quantité de chaleur pour la même élévation de température.

Loi de Neumann. — Le produit de la chaleur spécifique d'un corps par son poids atomique est constant.

Loi de Wœstyn. — La capacité calorifique d'un corps composé, à l'état solide ou à l'état liquide, est égale à la somme des capacités calorifiques de ses éléments considérés sous le même état physique que le composé.

—

Remarques pratiques. — I. Dans les problèmes de calorimétrie où l'on ne considère que des corps qui s'échauffent ou se refroidissent, on écrit que le nombre de calories absorbées par les corps qui s'échauffent est égal au nombre de calories dégagées par ceux qui se refroidissent.

II. On exprime généralement les poids en kilogrammes ; Q représente alors des grandes calories.

III. Si un certain nombre de calories se perdent par rayonnement, on les ajoute à celles qui sont absorbées par les corps qui
s'échauffent.

IV. On appelle poids d'un calorimètre évalué en eau, le produit
de son poids par sa chaleur spécifique.

Questions de cours importantes. — Détermination de la chaleur
spécifique d'un corps par la méthode des mélanges et par la fusion
de la glace (puits de glace et calorimètre Lavoisier et Laplace).

Chaleur latente de fusion, de solidification. — On appelle *chaleur latente de fusion* ou simplement *chaleur de fusion* d'un corps
le nombre de calories qu'il faut employer pour fondre un kilogramme de ce corps sans variation de température.

La *chaleur de solidification* d'un corps est égale à sa chaleur de
fusion.

Chaleur latente de vaporisation, de condensation. — On appelle
chaleur latente de vaporisation ou simplement *chaleur de vaporisation* d'un liquide, le nombre de calories qu'il faut employer
pour réduire en vapeur un kilogramme de ce liquide, sans variation de température.

La *chaleur de condensation* de la vapeur d'un liquide est égale
à la chaleur de vaporisation de ce liquide.

Chaleur totale de vaporisation de l'eau. — On appelle *chaleur
totale de vaporisation de l'eau*, le nombre de calories qu'il faut
employer pour réduire un kilogramme d'eau à zéro en vapeur
saturante à la température T. Ce nombre est donné par la formule
de Regnault :

$$Q = 606,5 + 0,305T .$$

Remarques pratiques. — Aux remarques énoncées à propos des
problèmes sur les chaleurs spécifiques, il faut ajouter les suivantes :

I. Si on désigne par λ la chaleur latente de fusion, de solidification... d'un corps, le nombre de calories nécessaires pour opérer
le changement d'état d'un poids P de ce corps est :

$$Q = P \times \lambda .$$

II. La température ne paraît jamais dans un terme où il entre
une chaleur latente comme facteur.

III. La chaleur latente de fusion de la glace à zéro est 79,25. La chaleur latente de vaporisation de l'eau à 100° est 537.

Questions de cours importantes. — Détermination de la chaleur latente de fusion de la glace. — Détermination de la chaleur de vaporisation de l'eau.

CHALEUR RAYONNANTE

Lois de propagation de la chaleur rayonnante. — 1° Le rayonnement a lieu dans tous les sens autour de la source de chaleur ; 2° dans un milieu homogène, le rayonnement se fait en ligne droite ; 3° la chaleur se propage dans le vide.

Quantité de chaleur reçue par une surface. — La quantité de chaleur reçue normalement par une surface varie en raison inverse du carré de la distance de cette surface à la source de la chaleur.

$$\frac{Q}{Q'} = \frac{d'^2}{d^2} \cdot$$

Lois de la réflexion de la chaleur. — 1° Le rayon réfléchi et le rayon incident sont dans un même plan passant par la normale à la surface au point d'incidence. 2° L'angle de réflexion est égal à l'angle d'incidence.

Pouvoir réflecteur. — On appelle *pouvoir réflecteur* d'un corps le rapport entre la quantité de chaleur réfléchie et la quantité de chaleur incidente.

Pouvoir diathermane. — On appelle *pouvoir diathermane* d'un corps le rapport entre la quantité de chaleur qui a traversé ce corps et la quantité de chaleur incidente.

Le pouvoir diathermane varie avec l'épaisseur de la substance, avec la nature du corps et avec la nature de la source calorifique.

Pouvoir absorbant. — On appelle *pouvoir absorbant* d'un corps le rapport entre la quantité de chaleur absorbée et la quantité de chaleur incidente.

Pouvoir émissif. — On appelle *pouvoir émissif* d'un corps le rapport entre la quantité de chaleur qu'il émet, à celle qui serait émise par le noir de fumée à la même température.

Loi du refroidissement (*Newton*).—Quand la différence de température entre le corps et le milieu ambiant ne dépasse pas 20°, les excès de température du corps sur celle du milieu, mesurés de seconde en seconde, décroissent en progression géométrique.

Question de cours importante. — Description et manipulation de l'appareil de Melloni. — Conductibilité.

TRANSFORMATION DE LA CHALEUR EN TRAVAIL

Equivalent mécanique de la chaleur. — On appelle *équivalent mécanique de la chaleur* le nombre de kilogrammètres qui résulte de la transformation d'une grande calorie en travail.

Ce nombre est 425.

Cheval vapeur. — On appelle *cheval vapeur* un travail de 75 kilogrammètres par seconde.

Coefficient économique réel. — On appelle *coefficient économique réel* ou simplement *rendement* d'une machine, le rapport entre le travail utile de cette machine et le travail total qui résulterait de la transformation, en travail, de toute la chaleur dégagée par le combustible employé.

Remarque pratique. — Les problèmes sur l'équivalent mécanique de la chaleur se résolvent généralement en cherchant, d'abord, le travail produit ou dépensé, en appliquant l'une ou l'autre des deux formules :

$$T = Fe$$

ou :

$$T = \frac{mv^2}{2} .$$

Ce travail, exprimé en kilogrammètres si l'on a soin de prendre le kilogramme comme unité de force ou de poids, et le mètre comme unité de longueur, divisé par 425, donne le nombre de calories résultant de sa transformation en chaleur, étant donné que 425 kilogrammètres produisent une calorie. (Remarquer que l'on a toujours $m = \dfrac{P}{g}$, m étant la masse et P le poids en kilogrammes.)

Question de cours importante. — Expériences de Joule pour la détermination de l'équivalent mécanique de la chaleur.

ACOUSTIQUE

Son. — Le *son* est la sensation produite sur l'organe de l'ouïe par les vibrations plus ou moins rapides d'un corps élastique.

Caractères distinctifs des sons : 1° *L'intensité;* c'est la force plus ou moins grande avec laquelle l'ouïe est impressionnée. Elle dépend de l'*amplitude* du mouvement vibratoire.

2° La *hauteur;* c'est la place qu'occupe le son dans l'échelle musicale. Elle dépend du nombre de vibrations exécutées dans une seconde.

3° Le *timbre;* c'est le caractère par lequel, toutes choses égales d'ailleurs, le son varie avec l'instrument qui le produit. Le timbre dépend des sons secondaires (*harmoniques*) qui accompagnent le son fondamental.

Propagation du son. — *Principe fondamental.* 1° Le son se propage en ligne droite; 2° le milieu qui transmet le son vibre à l'unisson du corps sonore qui le produit.

Longueur d'onde. — On appelle *longueur d'onde* la distance à laquelle le mouvement s'est propagé pendant une vibration du corps sonore.

En appelant v la vitesse de propagation du son, N le nombre de vibrations exécutées pendant une seconde, la longueur d'onde est donnée par la relation :

$$\lambda = \frac{v}{N}.$$

Mouvement de propagation. — Dans un milieu homogène, le son se propage d'un mouvement uniforme.

La vitesse de propagation dépend de la température. La formule de Newton :

$$v = v_0 \sqrt{1 + \alpha t}$$

permet de calculer cette vitesse dans l'air, à la température t, v_o étant la vitesse à la température de zéro et α étant le coefficient de dilatation de l'air.

Propagation du son dans les gaz. — La vitesse du son dans un gaz de densité d est donnée par la formule :

$$V = \frac{v}{\sqrt{d}}$$

v étant la vitesse du son dans l'air.

Remarque. — La vitesse de propagation du son dans un gaz est indépendante de la force élastique de ce gaz.

Propagation du son dans les solides. — Cette vitesse est donnée par la formule de Newton.

$$V = \sqrt{\frac{ge}{d}}$$

g étant l'accélération due à l'action de la pesanteur; d la densité du corps, et e son coefficient d'élasticité.

On appelle *coefficient d'élasticité* d'un corps solide le poids nécessaire pour doubler la longueur d'une tige ayant pour section l'unité de surface.

Questions de cours importantes. — Détermination de la vitesse du son dans l'air (*Montlhéry et Villejuif*) et dans l'eau (*lac de Genève*). — Description et usage de la sirène. — Propagation du son dans un tuyau cylindrique indéfini.

ACCORDS MUSICAUX

Intervalle musical. — On appelle *intervalle musical* de deux sons, une relation de hauteur entre ces deux sons. Cette relation est définie par le rapport du nombre de vibrations qu'ils exécutent pendant le même temps.

On prend toujours pour numérateur le nombre le plus élevé.

Unisson. — Deux sons de même hauteur sont dits à l'*unisson*. Ils correspondent à des nombres de vibrations égaux pendant le même temps.

Intervalles consonnants. — Les principaux intervalles conson-nants sont les suivants :

$$\text{unisson} \qquad \frac{1}{1}$$

$$\text{octave} \qquad \frac{2}{1}$$

$$\text{quinte} \qquad \frac{3}{2}$$

$$\text{quarte} \qquad \frac{4}{3}$$

$$\text{tierce majeure} \qquad \frac{5}{4}$$

$$\text{tierce mineure} \qquad \frac{6}{5}.$$

Ils sont d'autant plus consonnants qu'ils sont représentés par un rapport plus simple.

Harmoniques. — On appelle *harmoniques* d'un son une série de sons d'ordre plus élevé, dont les nombres de vibrations sont à celui du son fondamental comme la suite des nombres entiers.

Accords parfaits. — L'*accord parfait majeur* est un accord de trois sons comprenant un son fondamental (*tonique*), la tierce ma-jeure et la quinte de ce son fondamental.

L'*accord parfait mineur* se compose du son fondamental (*toni-que*), de la tierce mineure et de la quinte de ce son fondamental.

Gamme. — On appelle *gamme* une série de huit notes dont les extrêmes sont à l'octave l'une de l'autre, et qui sont, à des inter-valles déterminés, les mêmes pour toutes les gammes.

Pour la gamme d'*ut*, par exemple, on a :

ut	*ré*	*mi*	*fa*	*sol*	*la*	*si*	*ut*,
1	$\frac{9}{8}$	$\frac{5}{4}$	$\frac{4}{3}$	$\frac{3}{2}$	$\frac{5}{3}$	$\frac{15}{8}$	2

TUYAUX SONORES

Mouvement vibratoire de la colonne d'air. — La colonne d'air se partage en tranches perpendiculaires à la longueur du tuyau. Ces tranches sont les *nœuds* et les *ventres*.

Nœuds. — On appelle *nœuds* des tranches où le mouvement vibratoire est constamment nul, mais où la compression et la dilatation sont plus grandes que dans toute autre tranche au même instant. La densité de ces tranches d'air est donc alternativement supérieure et inférieure à celle de l'air extérieur.

Ventres. — On appelle *ventres* des tranches où le mouvement vibratoire est plus grand que dans toute autre tranche, mais où il n'y a ni compression ni dilatation. La densité de ces tranches est toujours égale à celle de l'air extérieur.

Remarque. — Les nœuds et les ventres alternent entre eux; ils sont à égale distance les uns des autres, et leur nombre est d'autant plus grand que l'harmonique rendu par le tuyau est d'un ordre plus élevé.

La distance entre un nœud et un ventre consécutifs est toujours égale à $\frac{\lambda}{4}$; deux nœuds ou deux ventres consécutifs sont donc distants de $\frac{\lambda}{2}$.

Lois de Bernouilli. — 1° Les harmoniques rendus par un tuyau ouvert sont entre eux comme la suite naturelle des nombres entiers.

2° Les harmoniques rendus par un tuyau fermé sont entre eux comme la suite naturelle des nombres impairs.

Remarque. — Un tuyau fermé rend le même son fondamental qu'un tuyau ouvert de longueur double.

Loi des longueurs. — La hauteur des sons fondamentaux rendus par des tuyaux de même section est inversement proportionnelle à leur longueur.

Tuyaux fermés. — Quand un tuyau fermé rend le son fondamental, il n'existe qu'un seul nœud formé par le fond du tuyau; l'autre extrémité est donc un ventre.

S'il existe plus d'un nœud, le son rendu est l'un des harmoniques. La longueur L du tuyau est alors égale à un multiple impair de $\frac{\lambda}{4}$.

$$L = (2n - 1)\frac{\lambda}{4}.$$

On en déduit le nombre des vibrations :

$$N = (2n - 1)\frac{v}{4L}.$$

Dans le cas du son fondamental, on a $n = 1$, donc :

$$\lambda = 4L$$

$$N = \frac{v}{4L}.$$

Tuyaux ouverts. — Quand un tuyau ouvert rend le son fondamental, il n'existe qu'un seul nœud situé au milieu de la longueur du tuyau; les deux extrémités sont donc des ventres.

S'il existe plus d'un nœud, le son rendu est l'un des harmoniques. La longueur L du tuyau est alors égale à un multiple pair de $\frac{\lambda}{4}$.

$$L = 2n\frac{\lambda}{4}.$$

On en déduit le nombre des vibrations :

$$N = n\frac{v}{2L}.$$

Dans le cas du son fondamental, on a $n = 1$, d'où :

$$\lambda = 2L$$

$$N = \frac{v}{2L}.$$

Question de cours importante. — Vérification expérimentale des lois des tuyaux sonores.

VIBRATION DES CORDES

Vibrations transversales. — La corde se partage en un nombre entier de demi-longueur d'onde, et l'on a :

$$L = n\frac{\lambda}{2}.$$

On en déduit le nombre des vibrations :

$$N = n\frac{v}{2L}.$$

Dans le cas du son fondamental, on a $n = 1$, on en déduit :

$$L = \frac{\lambda}{2}$$

$$N = \frac{v}{2L}.$$

Harmoniques. — Les *harmoniques* rendus par une corde sont entre eux comme la suite des nombres entiers.

Lois des vibrations des cordes. — Soient N le nombre des vibrations exécutées par seconde, R le rayon de la corde, L sa longueur, d la densité de la substance dont elle est formée, P le poids tenseur, g l'accélération due à l'action de la pesanteur, et π le rapport de la circonférence au diamètre; les lois des vibrations des cordes sont renfermées dans la formule :

$$N = \frac{1}{2RL} \sqrt{\frac{gP}{\pi d}}.$$

Question de cours importante. — Sonomètre. Description et manipulation.

MAGNÉTISME

—

Action réciproque de deux pôles d'aimant. — Les pôles de noms contraires s'attirent; les pôles de même nom se repoussent.

Dénomination des pôles d'un aimant. — *Pôle nord* ou *pôle austral*, celui qui se tourne vers le nord; *pôle sud* ou *pôle boréal*, celui qui se tourne vers le sud.

Lois de Coulomb. — 1° *Lois des distances :* Les forces attractives ou répulsives qui s'exercent entre deux pôles d'aimant sont inversement proportionnelles aux carrés de leurs distances.

2° *Loi des masses.* — Les forces attractives ou répulsives qui s'exercent entre deux pôles d'aimant sont proportionelles au produit de leurs masses magnétiques.

Ces deux lois se traduisent par la *formule de Coulomb :*

$$f = \frac{mm'}{d'} \; ;$$

Unité de masse magnétique. — L'*unité de masse magnétique* est celle d'un pôle qui, agissant sur un pôle identique, à une distance de 1 centimètre, produit une répulsion égale à une dyne.

Champ magnétique. — On appelle *champ magnétique* l'étendue de l'espace dans lequel se fait sentir l'action magnétique.

Force magnétique en un point. — La force magnétique en un point est la résultante de toutes les actions magnétiques exercées sur une masse égale à l'unité placée en ce point.

Ligne de force. — On appelle *ligne de force* une ligne tracée dans un champ magnétique, de manière à être tangente en tous ses points à la direction de la force. C'est le chemin que suivrait une petite masse magnétique, entièrement libre, qui serait soustraite à l'action de toute autre force.

Questions de cours importantes. — Description de la balance de Coulomb. Vérification de la formule.—Procédés d'aimantation.

MAGNÉTISME TERRESTRE

Méridien magnétique. — On appelle *méridien magnétique* l'intersection de l'horizon avec le plan vertical passant par l'axe d'une aiguille aimantée libre de se mouvoir dans un plan horizontal.

Inclinaison. — On appelle *inclinaison* l'angle aigu que fait avec l'horizon la moitié australe d'une aiguille aimantée mobile dans le plan du méridien magnétique. Elle varie de zéro à 90° depuis l'équateur magnétique jusqu'aux pôles magnétiques terrestres.

Déclinaison. — On appelle *déclinaison* l'angle aigu que fait le méridien magnétique avec le méridien géographique.

Détermination de l'inclinaison.— En désignant par I l'inclinaison, i et i' les inclinaisons observées dans deux azimuts rectangulaires, on a la relation :

$$\text{cotg}^2 \, \text{I} = \text{cotg}^2 \, i + \text{cotg}^2 \, i' \, .$$

Système astatique. — Système d'aiguilles ou de barreaux aimantés sur l'ensemble duquel l'action magnétique de la terre est nulle.

Question de cours importante — Boussole de déclinaison. — Boussole d'inclinaison. — Détermination de l'inclinaison.

ÉLECTRICITÉ STATIQUE

—

Attractions et répulsions électriques.— Deux fluides de même nom se repoussent; deux fluides de noms contraires s'attirent.

Lois de Coulomb. — 1° *Loi des distances :* les attractions et les répulsions électriques sont inversement proportionnelles au carré de la distance des masses électriques.

2° *Loi des masses :* les attractions et les répulsions électriques sont proportionnelles au produit des charges électriques des corps mis en présence.

Ces deux lois se traduisent par la formule de Coulomb :

$$f = \frac{mm'}{d^2} \, .$$

Unité de masse électrique. — On appelle *unité de masse électrique* la charge que doit posséder une petite sphère conductrice pour que, agissant sur une sphère de même dimension, chargée de la même quantité d'électricité, et ayant son centre à 1 centimètre du centre de la première, elle la repousse avec une force égale à une dyne.

Cette unité est l'*unité électrostatique* de quantité. Dans la formule de Coulomb, f est alors exprimé en dynes.

L'unité pratique qui est le *coulomb* vaut 3×10^9 unités C. G. S.

Densité électrique. — On appelle *densité électrique* en un point la charge, par unité de surface, dans le voisinage de ce point.

$$\rho = \frac{M}{S} \, .$$

Pour une sphère on a :

$$\rho = \frac{M}{4\pi R^2}$$

or,

$$F = \frac{M}{R^2} .$$

La force électrique en un point de la surface d'une sphère est donc égale à $4\pi\rho$.

Charge d'une sphère. — ρ étant la densité électrique et R le rayon de la sphère la charge est :

$$M = 4\pi R^2\rho .$$

L'action sur une masse m placée à une distance d du centre sera :

$$F = \frac{4\pi R^2\rho m}{d^2} .$$

Pression électrostatique. — On appelle *pression électrostatique en un point* la force avec laquelle l'électricité tend à s'échapper du conducteur.

Champ électrique. — On appelle *champ électrique* l'étendue de l'espace où se fait sentir l'action électrique.

Force électrique en un point. — On appelle *force électrique en un point* d'un champ électrique, la résultante de toutes les actions électriques exercées sur une masse $+1$ placée en ce point.

Ligne de force. — On appelle *ligne de force* une ligne tracée dans un champ électrique de manière à être tangente à la direction de la force. C'est le chemin que suivrait une petite sphère électrisée entièrement libre et qui serait soustraite à l'action de toute autre force.

Remarques. — I. En un point du champ, il ne passe qu'une seule ligne de force, autrement la force électrique aurait, en ce point, des directions différentes, ce qui est absurde.

II. Puisque la force électrique est nulle à l'intérieur d'un conducteur en équilibre, les lignes de force se terminent à la surface du conducteur et y aboutissent normalement.

III. Si le champ est uniforme, c'est-à-dire si la force électrique y est constante en grandeur et en direction, les lignes de force sont des droites parallèles.

IV. Les lignes de force du champ électrique créé par une sphère électrisée sont les prolongements des rayons de la sphère.

—

Remarques pratiques. —Dans les problèmes, m et m' sont généralement donnés en unités électrostatiques. On exprime les longueurs en centimètres; les forces sont alors exprimées en dynes. (1 gramme vaut 981 dynes.)

Questions de cours importantes. — Vérification des lois de Coulomb par la balance de Coulomb. — Influence électrique. Cylindre de Faraday. — Électroscope à feuilles d'or.

Électrophore. — Machine électrique de Ramsden.

———

POTENTIEL ÉLECTRIQUE

Expériences fondamentales. —I. Quand un conducteur électrisé est mis en communication par un fil long et fin avec un électromètre très éloigné, l'écart des feuilles d'or reste le même, quel que soit le point touché.

II. Dans le cas d'un conducteur soumis à l'influence, l'écart est également le même, quelle que soit la région mise en communication avec l'électromètre, et les feuilles d'or se chargent toujours de la même électricité que le corps influençant.

III. La déviation est toujours nulle pour un corps en communication avec le sol, que ce corps soit ou non soumis à l'influence.

IV. On prend comme zéro le potentiel du sol et on compte les potentiels positivement si la déviation des feuilles d'or est positive, négativement si cette déviation est négative.

Variation des potentiels de deux conducteurs mis en communication. – Les deux conducteurs étant reliés par un fil long et fin : 1° *s'ils sont au même potentiel*, rien ne change dans leur état électrique; 2° *s'ils sont à des potentiels différents*, celui qui est au potentiel le plus élevé cède de l'électricité positive à l'autre, jusqu'à ce qu'ils soient au même potentiel.

Force électromotrice. —Cause qui détermine le mouvement de l'électricité positive quand on met en communication deux conducteurs à des potentiels différents.

Définition du potentiel par le travail. — La valeur numérique du potentiel en un point quelconque est le nombre d'unités de travail qui correspond au déplacement d'une unité d'électricité positive, depuis ce point jusqu'au sol, par un chemin quelconque. Le potentiel s'exprimera donc par le travail, c'est-à-dire en ergs.

Le travail correspondant au déplacement d'une masse électrique + 1, d'un point B à un point B′, est égal à la différence de potentiel entre ces deux points :

$$T = V - V'.$$

Pour une masse m, le travail serait :

$$T = m(V - V').$$

Conséquences. — 1. Pour déplacer une masse électrique à l'intérieur d'un conducteur, le travail est nul puisque la force électrique y est nulle. Donc tous les points de l'intérieur d'un conducteur en équilibre sont au même potentiel.

II. Il en est de même de tous les points de la surface puisque, la force électrique y étant normale, est perpendiculaire au déplacement.

Surface de niveau. — On appelle *surface de niveau* ou *équipotentielle* le lieu des points du champ qui sont au même potentiel.

Dans le cas d'une sphère, les surfaces de niveau sont des sphères concentriques.

Le déplacement d'une masse électrique sur une surface de niveau correspond à un travail nul. Toutes les surfaces de niveau coupent donc normalement les lignes de force.

Remarque. — Si on augmente d'un même nombre d'unités le potentiel de tous les points du champ, la différence des potentiels entre deux surfaces de niveau ne change pas. Donc les phénomènes électriques auxquels pouvaient donner lieu les différences de potentiel restent les mêmes, puisqu'ils ne dépendent que de cette différence, et non de la valeur absolue des potentiels.

Expression du potentiel en fonction des masses. — S'il existe plusieurs masses m, m' m''... agissant à des distances respectives r, r', r''... d'un point du champ où se trouve une masse électrique $+ 1$, le potentiel sera, en ce point :

$$V = \frac{m}{r} + \frac{m'}{r'} + \frac{m''}{r''} + \ldots = \Sigma \frac{m}{r}.$$

. Donc la valeur du potentiel en un point du champ est égale à la somme algébrique des quotients obtenus en divisant chacune des masses agissantes (exprimées en unités électrostatiques) par sa distance au point considéré.

Cas de la sphère. — Le potentiel du centre est :

$$V = \Sigma \frac{m}{R} = \frac{\Sigma m}{R} = \frac{M}{R}$$

$$V = \frac{4\pi R^2 \rho}{R} = 4\pi R \rho \qquad (\rho, \text{ densité}).$$

C'est aussi le potentiel d'un point intérieur ou d'un point de la surface.

Pour un point extérieur situé à une distance d du centre, ce sera :

$$V = \frac{M}{d} = \frac{4\pi R^2 \rho}{d}.$$

Question de cours importante. — Étude expérimentale du potentiel.

CAPACITÉ ÉLECTRIQUE

Définition. — On appelle *capacité électrique* d'un conducteur la quantité d'électricité qu'il faut lui fournir pour élever son potentiel d'une unité.

Relation entre la charge M, **la capacité** C **et le potentiel** V **d'un conducteur :**

$$M = CV.$$

Capacité d'une sphère. — Pour une sphère on a :

$$M = CV = C\frac{M}{R} \qquad \text{donc} \qquad C = R.$$

La capacité d'une sphère est donc exprimée par le même nombre que son rayon.

Remarque. — Quand deux conducteurs sont mis en communication, ils n'en forment plus qu'un dont la capacité est égale à la somme de leurs capacités respectives, et sa charge totale se répartit entre eux proportionnellement à leurs capacités respectives.

On aura donc pour deux conducteurs de charges M et M' et de capacités C et C' :

$$M + M' = (C + C')V_1$$

d'où :

$$V_1 = \frac{M + M'}{C + C'} \ .$$

Remarque pratique. — La plupart des problèmes élémentaires sur le potentiel se résolvent par l'application de la formule :

$$M = CV \ .$$

en tenant compte de la remarque précédente.

ÉNERGIE ÉLECTRIQUE

Énergie d'un conducteur. — Tout conducteur électrisé est une source d'énergie pouvant produire un travail déterminé quand on le met en communication avec le sol, c'est-à-dire quand on le décharge.

Expression de l'énergie électrique. — L'énergie d'un conducteur dont la charge est M et qui se trouve au potentiel V est :

$$W = \frac{MV}{2}$$

ou, puisque $M = CV$:

$$W = \frac{CV^2}{2} = \frac{M^2}{2C} \ .$$

Remarque. — Si le potentiel, au lieu de descendre à zéro, passait de la valeur V à la valeur V', l'énergie serait :

$$W = \frac{M}{2}(V - V') \ .$$

Énergie produite par la réunion de deux conducteurs à des potentiels différents. — Soient C et C', V et V' les capacités et les potentiels respectifs des deux conducteurs, l'énergie sera :

$$W = \frac{1}{2} \frac{CC'}{C + C'}(V - V')^2 \ .$$

CONDENSATION ÉLECTRIQUE

Condensateur électrique. — On appelle *condensateur électrique* un ensemble de deux conducteurs séparés par une lame isolante (*diélectrique*). L'un, appelé *collecteur*, est en communication avec une source électrique ; l'autre, appelé *condenseur*, communique ordinairement avec le sol.

Force condensante. — On appelle *force condensante* le rapport entre la charge du collecteur quand il fait partie du condensateur, et celle qu'il prend lorsqu'il est seul.

$$F = \frac{M'}{M}.$$

Capacité d'un condensateur. — S étant la surface, e l'épaisseur du diélectrique supposée très petite, on a :

$$C = \frac{S}{4\pi e}.$$

Énergie d'un condensateur. — L'énergie d'un condensateur a pour expression :

$$W = \frac{S}{8\pi e} V^2.$$

Pouvoir inducteur spécifique. — On appelle *pouvoir inducteur spécifique* un coefficient particulier pour chaque substance, égal au rapport de la capacité d'un condensateur dont le diélectrique serait cette substance, à la capacité qu'il aurait si le diélectrique était une lame d'air de même épaisseur.

Bouteille de Leyde. — L'énergie d'une bouteille de Leyde est :

$$W = \frac{CV^2}{2}.$$

L'énergie de n jarres disposées en batterie est :

$$W = n\frac{CV^2}{2} = \frac{M^2}{2nC}.$$

Pour n jarres disposées en cascade, ce serait :

$$W = \frac{CV^2}{2n} = n\frac{M^2}{2C}.$$

5

Questions de cours importantes. — Condensateur d'Epinus. Limite de charge. — Bouteille de Leyde. — Électroscope condensateur.

UNITÉS ÉLECTROSTATIQUES

Unités théoriques. — I. *Unité de quantité.* C'est la quantité d'électricité qui, agissant sur une quantité égale, à une distance d'un centimètre, produit une répulsion égale à une dyne.

II. *Unité de potentiel.* L'unité de potentiel est le potentiel d'un conducteur pour lequel un déplacement de l'unité électrique positive de ce conducteur jusqu'au sol produit un travail égal à un erg en valeur absolue.

III. *Unité de capacité.* L'unité de capacité est la capacité d'une sphère de 1 centimètre de rayon.

Unités pratiques :

Quantité : coulomb $= 3 \times 10^9$ unités C. G. S. de quantité.

Potentiel : volt $= \dfrac{1}{3 \times 10^2}$ — — de potentiel.

Énergie : watt $=$ coulomb $\times$ volt $= 10^7$ ergs.

Capacité : farad $= \dfrac{\text{coulomb}}{\text{volt}} = 3^2 \times 10^{11}$ unités C. G. S.

microfarad $= 3^2 \times 10^5$ unités C. G. S.

ÉLECTRICITÉ DYNAMIQUE

—

Loi de contact ou de Volta. — Le contact de deux métaux différents suffit pour établir entre eux une différence de potentiel. Cette différence dépend uniquement de la nature des corps et de leur température; elle est indépendante de leurs dimensions, de leur forme, de l'étendue des surfaces en contact, et de la valeur absolue du potentiel existant sur chacun d'eux.

Force électromotrice de contact. — On appelle *force électro-motrice de contact* la force qui détermine et maintient la différence de potentiel résultant du contact de deux métaux en équilibre électrique.

Lois des contacts successifs. — 1er *cas : Chaîne entièrement métallique.* Si les deux métaux qui terminent la chaîne sont identiques, les extrémités sont au même potentiel.

Si les deux métaux sont différents, la différence de potentiel entre les deux extrêmes est la même que si ces métaux étaient directement en contact.

Si on ferme la chaîne, la force électromotrice totale est nulle; il n'y a pas de courant.

Ces lois ne sont vraies que si tous les contacts sont à la même température.

2e *cas : Chaîne métallique dans laquelle se trouve intercalé un liquide capable d'exercer une action chimique sur l'un d'eux.* Le rôle du liquide est de mettre sensiblement au même potentiel les deux métaux avec lesquels il est en contact. Il en résulte que si on ferme le circuit, l'équilibre est impossible; un mouvement continu d'électricité se produit (*courant*) du métal au potentiel le plus élevé vers le métal au potentiel le moins élevé (dans le circuit interpolaire). La différence de potentiel entre les métaux extrêmes est égale à la somme algébrique des différences de potentiel observées à tous les contacts.

Pile de Volta. — La différence de potentiel aux deux pôles de la pile est proportionnelle au nombre des couples.

Le pôle positif est le couple extrême dont le cuivre est en contact avec l'eau acidulée : le pôle négatif est le couple extrême dont le zinc est en contact avec l'eau acidulée.

Questions de cours importantes. — Pile de Volta. — Pile à auge. — Pile à tasses.

PILES ÉLECTRIQUES. — INTENSITÉ

Piles en général. — On appelle *pile en général* une disposition de conducteurs liquides et de métaux capables de donner naissance à un courant continu d'électricité.

Courant de polarisation. — On appelle *courant de polarisation* un courant secondaire, de sens contraire au courant principal, dû aux bulles d'hydrogène qui se déposent au pôle positif à l'intérieur de la pile.

Force électromotrice totale d'une pile. — On appelle *force électromotrice totale d'une pile*, la différence de potentiel aux deux pôles de la pile quand le circuit est ouvert.

Sens du courant. — On est convenu d'appeler *sens du courant* le sens dans lequel circule l'électricité positive. On considère le courant comme allant du pôle positif au pôle négatif dans le circuit extérieur à la pile.

Le sens du courant est aussi le sens dans lequel est transporté l'hydrogène dans les décompositions chimiques.

Intensité du courant. — On appelle *intensité du courant* la quantité d'électricité qui traverse, par seconde, une section quelconque du circuit.

Elle dépend : 1° de la force électromotrice totale de la pile; 2° de la constitution de la pile elle-même ; 3° de la nature du circuit interpolaire.

Unité d'intensité. — L'unité pratique d'intensité est *l'ampère;* c'est l'intensité qui correspond au passage, dans une section du circuit, d'une quantité d'électricité égale à 1 coulomb par seconde.

Variation du potentiel le long du circuit. — Entre deux points d'un circuit, le potentiel décroît en progression arithmétique dans le sens du courant, pourvu qu'il n'existe entre ces deux points aucune force électromotrice de contact.

Questions de cours importantes. — Piles de Bunsen et de Daniell. — Polarisation.

RÉSISTANCE. — UNITÉS ÉLECTRIQUES

Résistance d'un fil. — La résistance d'un fil est donnée par l'expression

$$r = K \frac{l}{s}$$

K étant un coefficient (*coefficient de résistance*) variable avec la nature du fil; l étant la longueur du fil et s sa section.

r_0 étant la résistance à la température de zéro, la résistance r à la température t serait

$$r = r_0(1 + 0,0036t) .$$

La loi est la même pour les liquides.

Remarque. — Pour deux fils de même nature et de même résistance, les longueurs sont proportionnelles aux sections :

$$\frac{l}{l'} = \frac{s}{s'} .$$

Longueur réduite. — On appelle *longueur réduite* d'un fil de longueur l et de section s, la longueur qu'il faudrait donner à un fil dont la section serait de 1 millimètre carré pour qu'il ait la même résistance que ce fil.

$$\lambda = \frac{l}{s} .$$

Coefficient de conductibilité. — Le *coefficient de conductibilité* est l'inverse du coefficient de résistance. La résistance d'un fil s'exprime alors par :

$$r = \frac{l}{cs} .$$

Courants dérivés. — *Lois de Kirchhoff.* I. Quand un circuit se bifurque, l'intensité, avant la bifurcation, est égale à la somme des intensités dans les courants dérivés.

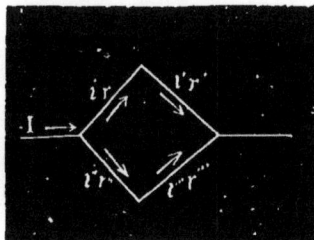

$$I = i' + i'' + i''' = \Sigma i .$$

II. Si plusieurs conducteurs forment un circuit métallique fermé ne comprenant aucune force électromotrice, on a $\Sigma ir = 0$ (en tenant compte évidemment du sens du courant).

III. Si dans le circuit précédent il existe plusieurs forces électromotrices, on a $\Sigma ir = \Sigma E$.

Lois d'Ohm et de Pouillet. — L'intensité d'un courant est proportionnelle à la force électromotrice totale de la pile, et inversement proportionnelle à la résistance totale du circuit.

$$E = I(R + r)$$

E étant la force électromotrice de la pile, R sa résistance, I l'intensité, et r la résistance extérieure à la pile.

Energie d'une pile. — *L'énergie* ou *puissance* d'une pile est représentée par :

$$W = EI .$$

Si E est exprimé en volts et I en ampères, W le sera en watts. En ergs l'énergie est :

$$W = EI \times 10^7 .$$

Remarque. — Puisque $E = I(R + r)$ l'énergie s'exprime encore par :

$$W = I^2(R + r) .$$

Unités électriques. — *Unités pratiques :*

Résistance : ohm. Résistance à 0° d'une colonne de mercure de 106 centimètres de longueur et de 1 millimètre carré de section (environ 100 mètres de fil télégraphique).

Force électromotrice : volt. Force électromotrice d'une pile produisant un courant d'un ampère dans un circuit dont la résistance totale est un ohm.

Intensité : ampère. Intensité d'un courant qui débite un coulomb par seconde.

ASSOCIATION DES PILES

Association en série ou en tension. — Les éléments sont rangés à la suite les uns des autres, le pôle positif de l'un étant relié au pôle négatif du suivant. L'intensité est :

$$I = \frac{E}{R + \dfrac{r}{n}}$$

Disposition avantageuse si r est très grand par rapport à R, car alors on a :

$$I = n \frac{E}{r} .$$

Association en batterie ou en quantité. — Les pôles positifs de tous les éléments étant réunis ensemble d'une part, et tous les pôles négatifs réunis ensemble d'autre part. L'intensité est :

$$I = \frac{E}{\frac{R}{n} + r}.$$

Disposition avantageuse si r est très petit par rapport à R, car alors on a :

$$I = n\frac{E}{R}.$$

Association mixte. — Soit une association de p séries comprenant chacune n éléments disposés en batterie; l'intensité sera :

$$I = \frac{E}{\frac{R}{p} + \frac{r}{n}}.$$

L'intensité sera maximum quand on aura :

$$\frac{R}{p} = \frac{r}{n} \quad \text{ou} \quad r = \frac{nR}{p}$$

c'est-à-dire quand la résistance de la batterie sera égale à la résistance extérieure.

Question de cours importante. — Établissement et discussion des formules précédentes.

EFFETS CALORIFIQUES ET CHIMIQUES DU COURANT

Loi de Joule. — Quand le circuit conducteur ne renferme pas d'autre liquide que celui de la pile, et ne produit pas de travail extérieur, l'énergie se transforme intégralement en chaleur. En appelant Q la quantité de chaleur produite en une seconde et J l'équivalent mécanique de la chaleur, on a la relation :

$$W = I^2(R + r) = JQ$$

d'où :

$$Q = \frac{I^2(R + r)}{J} \quad \textit{petites calories.}$$

Pour un temps t on aurait :

$$Q = \frac{I^2 (R + r) t}{J}.$$

Électrolyse. — Quand un courant traverse un liquide (acide, alcali,...), il y a décomposition du liquide (*électrolyse*) ; le liquide décomposé s'appelle *électrolyte*, les conducteurs qui amènent le courant sont les *électrodes*.

Dans la décomposition d'un sel métallique, le métal se porte au pôle négatif et le radical au pôle positif.

On appelle, dans un cas particulier, *corps électro-positif* celui qui se porte au pôle négatif, et corps *électro-négatif* celui qui se porte au pôle positif. Les métalloïdes sont tous électro-négatifs par rapport aux métaux ; l'oxygène l'est par rapport à tous les autres corps simples.

Lois de l'électrolyse. — 1° L'intensité du courant est la même en tous les points du circuit. 2° Le poids de l'hydrogène dégagé dans un temps donné est proportionnel à la quantité d'électricité qui passe dans le voltamètre.

Lois de Faraday. — 1° Les poids d'électrolytes décomposés par un même courant sont proportionnels à leurs équivalents chimiques.

Quel que soit l'électrolyte, un coulomb décompose toujours $\dfrac{1}{96\,600}$ ou $0,000.010.35$ de son équivalent en poids, l'équivalent étant rapporté à celui de l'hydrogène et exprimé en grammes.

2° Pour un équivalent d'électrolyte décomposé, un équivalent de zinc disparaît dans chacun des éléments de pile.

Remarque pratique. — La plupart des problèmes élémentaires sur la décomposition des corps par la pile se résolvent par l'application de la première loi de Faraday.

Questions de cours importantes. — Vérification expérimentale des lois de l'électrolyse. — Décomposition de l'eau par le voltamètre. Théorie de Grotthus. — Décomposition des sels métalliques (SO^4Na^2). — Galvanoplastie.

ÉLECTROMAGNÉTISME

—

Expérience d'Œrstedt. — Quand un courant passe dans le voisinage d'une aiguille aimantée, celle-ci tend à se mettre en croix avec le courant, et de telle sorte que son pôle austral soit dévié vers la gauche du courant.

Règle d'Ampère. — On appelle *gauche* du courant, la gauche d'un observateur qui serait placé le long du fil de manière que le courant entre par ses pieds et sorte par sa tête, et qui regarderait l'aiguille.

Champ d'un courant. — Un courant crée autour de lui un champ et produit, soit sur les aimants (*électromagnétisme*), soit sur les courants (*électrodynamique*), des actions identiques à celles qui se produisent entre les aimants.

Les *lignes de force* du champ créé par un courant rectiligne indéfini sont toutes normales aux plans qui passent par l'axe du courant. Dans un plan perpendiculaire au courant, ce sont donc des cercles concentriques ayant leur centre sur l'axe du fil, et dirigés de droite à gauche pour l'observateur d'Ampère.

Action d'un courant rectiligne indéfini sur un pôle d'aimant. *Loi de Biot et Savart.* — Cette action est une force normale au plan qui passe par le courant et le pôle, et dirigée vers la gauche du courant si le pôle est austral, et vers la droite si le pôle est boréal. Elle est proportionnelle à l'intensité du courant, à la masse magnétique du pôle, et inversement proportionnelle à la simple distance du pôle au courant :

$$F = \frac{mI}{d}.$$

Action d'un pôle d'aimant sur un élément de courant. *Formule de Laplace.* — m étant la masse du pôle, l la longueur de l'élément, r la distance du pôle au milieu de l'élément, et ω l'angle que fait le courant avec la droite qui mesure cette distance, l'action est donnée par l'expression :

$$F = \frac{mIl}{r^2} \sin \omega.$$

Cette action est appliquée au milieu de l'élément, perpendiculairement au plan qui passe par l'élément et le pôle, et dirigée à
droite pour l'observateur d'Ampère qui regarderait le pôle.

**Action de la terre sur un courant fermé mobile autour d'un
axe vertical.** — Le courant s'oriente de telle sorte que son plan
soit perpendiculaire à celui du méridien magnétique, et de telle
sorte qu'il soit dirigé de l'est à l'ouest dans la partie inférieure du
circuit.

Questions de cours importantes. — Expérience d'Œrstedt. —
Galvanomètres. G. de Nobili. G. différentiel.

ÉLECTRODYNAMIQUE

—

Loi des courants parallèles. — Deux courants parallèles de
même sens s'attirent; deux courants parallèles de sens contraire
se repoussent.

Loi des courants angulaires. — Deux courants angulaires s'attirent quand ils s'approchent ou s'éloignent tous les deux de leur
perpendiculaire commune ou de leur point de croisement; ils se
repoussent quand l'un s'en approche tandis que l'autre s'en éloigne.

Loi des courants égaux et de sens contraires. — Deux courants égaux et de sens contraires produisent des actions égales et
de sens contraires.

Loi ou principe des courants sinueux. — L'action d'un courant
sinueux est la même que celle d'un courant rectiligne voisin,
aboutissant aux mêmes extrémités.

Assimilation de l'action de la terre à celle d'un courant. —
L'action de la terre est assimilable à celle d'un courant rectiligne
indéfini, perpendiculaire au méridien magnétique, et dirigé de
l'est à l'ouest magnétique.

—

Remarque pratique. — Pour étudier l'action d'un courant fixe
sur un courant mobile, mener d'abord leur perpendiculaire commune, et voir ensuite quelle est l'action du courant fixe avant son
arrivée à la perpendiculaire commune, puis après son passage;

l'application des lois précédentes donne facilement l'action résultante.

Questions de cours importantes. — Action des courants sur les courants. — Hypothèse d'Ampère sur le magnétisme.

SOLÉNOÏDES

Définition. — Un *solénoïde* est, théoriquement, une série de courants circulaires indépendants, très rapprochés, de même rayon, de même intensité, de même sens, et dont les plans sont perpendiculaires à la droite qui joint leurs centres.

Action de la terre. — Un solénoïde dont l'axe est mobile dans un plan horizontal s'oriente de manière que, dans chaque spire, le courant monte à l'ouest et descend à l'est. Son axe s'oriente donc comme l'aiguille aimantée.

Distinction des pôles. — Le pôle austral d'un solénoïde est le pôle devant lequel il faut se placer pour que, par rapport à l'observateur, le courant circule en sens inverse du mouvement des aiguilles d'une montre.

Actions réciproques de deux solénoïdes. — Les pôles de même nom se repoussent; les pôles de noms contraires s'attirent.

Actions réciproques des pôles d'un aimant et d'un solénoïde. — Les pôles de même nom se repoussent; les pôles de noms contraires s'attirent.

Action d'un courant rectiligne sur un solénoïde. — Chacun des courants du solénoïde tend à se placer parallèlement à la direction du courant rectiligne, de sorte que l'axe du solénoïde tendra, comme une aiguille aimantée, à se mettre en croix avec le courant.

Question de cours importante. — Théorie des solénoïdes.

INDUCTION

Courants induits. — Courants temporaires qui prennent naissance dans un circuit fermé situé dans le voisinage d'un courant ou d'un aimant, qu'on approche ou qu'on éloigne, ou quand on vient à modifier l'intensité du courant ou l'état magnétique de l'aimant.

Le courant qui produit l'induction est un courant *inducteur*, le courant qui prend naissance dans le circuit fermé est un courant *induit*.

L'énergie produite par ces courants est empruntée au travail que l'on est obligé de dépenser pour les faire naître.

Induction produite par un courant ou induction voltaïque. — Tout courant qui commence, dont l'intensité s'accroît, ou qui s'approche d'un circuit fermé, développe dans celui-ci un courant induit de sens contraire (*courant inverse*) à celui du courant principal. Tout courant qui finit, dont l'intensité diminue, qui s'éloigne d'un circuit fermé, développe dans celui-ci un courant de même sens (*courant direct*) que celui du courant principal.

Induction produite par un aimant ou induction électro-magnétique. — *Lois :* Tout aimant qui commence, dont le magnétisme augmente, ou qui s'approche d'un circuit fermé, développe dans celui-ci un courant induit de sens contraire à celui du solénoïde auquel cet aimant est assimilable.

Tout aimant qui finit, dont le magnétisme diminue, ou qui s'éloigne d'un circuit fermé, développe dans celui-ci un courant induit de même sens que celui du solénoïde auquel cet aimant est assimilable.

Lois de Lenz. — Quand un circuit fermé se déplace dans le voisinage d'un courant ou d'un aimant, le sens du courant induit produit est tel qu'il s'oppose au déplacement qui lui donne naissance.

Extra-courants. — On appelle *extra-courants* des courants qui résultent de l'action d'un courant sur son propre circuit. Il se produit un extra-courant d'*ouverture* quand on ouvre le circuit, et un extra-courant de *fermeture* quand on le ferme.

Remarques sur les extra-courants. — I. L'extra-courant de fermeture étant inverse du courant principal, s'oppose à l'établissement de celui-ci. Le courant principal ne s'établit donc que graduellement.

L'extra-courant d'ouverture étant de sens direct, renforce le courant principal au moment de la rupture.

II. Les effets des extra-courants sont augmentés quand on intercale une bobine dans le circuit, et surtout si on place un noyau de fer doux dans la bobine.

III. Les deux courants induits direct et inverse mettent en jeu des quantités égales d'électricité. Si on fait passer ces deux courants dans un voltamètre, on n'observe aucune trace de décomposition.

Remarques générales sur les courants induits. — I. Les quantités d'électricité mise en jeu par déplacement ne dépendent que des positions initiales et finales de l'inducteur et de l'induit. S'ils reviennent à leur position première, les courants direct et inverse ont mis en jeu la même quantité d'électricité.

II. L'intensité moyenne des courants induits est inversement proportionnelle à la durée du déplacement de l'induit par rapport à l'inducteur.

Machines d'induction proprement dites. — Ces machines sont destinées à transformer du travail mécanique en énergie électrique au moyen de l'induction magnétique. Si l'induction est produite par un aimant permanent, la machine est dite *magnéto-électrique;* si elle est produite par un électro-aimant, elle est dite *dynamo-électrique.*

Questions de cours importantes. — Etude expérimentale des courants induits. — Etude expérimentale des extra-courants.

Machine de Clarke. — Machine de Gramme. — Bobine de Ruhmkorff.

Téléphone et microphone.

COURANTS THERMO-ÉLECTRIQUES

Nature. — On appelle *courants thermo-électriques*, des courants qui prennent naissance dans des circuits fermés, formés de métaux différents, quand les contacts sont à des températures différentes.

Lois des courants thermo-électriques. — I. La force électromotrice dépend uniquement de la différence de température des deux soudures.

II. La force électromotrice correspondant à une différence de température $T - t$ des deux soudures est égale à la somme des forces électromotrices développées pour des intervalles de températures t à 0, 0 à $0'$, $0'$ à $0''$ . . . . .; 0, $0'$, $0'$ . . . . . étant des températures successives comprises entre t et T.

III. Si deux métaux sont séparés dans un circuit par un ou plusieurs métaux intermédiaires à la même température t, la force électromotrice est la même que si les deux métaux étaient unis directement, et la soudure portée à la même température t. — Donc le métal qui sert à souder les deux métaux n'a aucune influence sur les phénomènes thermo-électriques.

OPTIQUE

—

PHOTOMÉTRIE

Eclairement. Intensité. — On appelle *éclairement* d'une surface la quantité de lumière tombant normalement sur un centimètre carré de cette surface.

En appelant Q la quantité totale de lumière tombant sur une surface S, l'éclairement sera :

$$E = \frac{Q}{S}.$$

Si la distance de la surface à la source lumineuse est de 1 centimètre, l'éclairement est l'*intensité* de la source lumineuse.

Variation de l'éclairement avec la distance. — I. *Lumière parallèle.* — Quand la lumière est parallèle et tombe normalement sur une surface, l'éclairement est le même quelle que soit la distance de la surface à la source lumineuse.

II. *Lumière divergente.* — Les éclairements d'une surface recevant normalement de la lumière divergente sont en raison inverse du carré de la distance de cette surface à la source lumineuse.

$$\frac{E}{E'} = \frac{d'^2}{d^2}.$$

III. *Lumière convergente.* — Il est facile de voir que si la lumière est convergente, l'éclairement est proportionnel au carré de la distance à la source.

Lumière reçue obliquement. Loi du cosinus. — L'éclairement produit par une source de lumière parallèle sur une surface dont la normale fait un angle α avec la direction des rayons incidents, est proportionnelle au cosinus de cet angle

$$E' = E \cos \alpha .$$

E étant l'éclairement normal.

Si la lumière qui tombe obliquement était divergente, il faudrait, en outre, tenir compte de sa distance à la source lumineuse.

Pouvoir émissif ou éclat. — On appelle *pouvoir émissif* la quantité de lumière envoyée par l'unité de surface (1 centimètre carré) de la source lumineuse sur l'unité de surface placée à l'unité de distance (1 centimètre).

Intensité propre d'une source lumineuse. — On appelle *intensité* la quantité de lumière envoyée normalement sur l'unité de surface placée à l'unité de distance.

Si K est le pouvoir émissif et S la surface de la source, on aura donc :

$$I = KS .$$

L'éclairement produit à la distance r sur un élément de surface dont la normale serait inclinée de l'angle α sur la direction des rayons lumineux, aura donc pour expression :

$$E = \frac{I \cos \alpha}{r^2} .$$

Remarque. — Dans la pratique, on compare les intensités à celle d'une source constante prise pour unité. En France, l'unité d'intensité est celle d'une lampe *Carcel* brûlant 42 grammes d'huile de colza par heure. En Angleterre, c'est l'intensité d'une bougie brûlant 10 grammes d'acide stéarique par heure (*Candle*). Le candle équivaut à 1/8 de carcel.

L'unité *Violle*, adoptée au Congrès des électriciens (1881) est l'intensité de 1 centimètre carré de surface d'un bain de platine fondant.

Principes des photomètres. — Deux lumières étant placées de manière à éclairer sous le même angle deux surfaces identiques, on a, entre les intensités I et I' des deux sources lumineuses, et d et d' leurs distances aux surfaces éclairées, la relation

$$\frac{I}{I'} = \frac{d^2}{d'^2} .$$

Question de cours importante. — Photomètres de Foucault et de Rumford.

RÉFLEXION DE LA LUMIÈRE

Lois. — I. Le rayon incident et le rayon réfléchi sont dans un même plan (*plan d'incidence*) qui passe par la normale au point d'incidence.

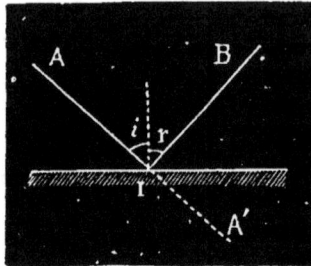

II. L'angle de réflexion est égal à l'angle d'incidence. Ces deux angles se rapportent à la normale au point d'incidence.

La déviation est BIA'; elle est donc égale à $180° - 2i$.

Pouvoir réflecteur. — Rapport de la quantité de lumière réfléchie à la quantité de lumière incidente. Ce rapport varie avec l'incidence et avec la substance.

MIROIRS PLANS

Définition. — On appelle *miroir plan* toute surface plane capable de réfléchir la lumière.

Principe fondamental. — La réflexion sur un miroir plan ne change pas la nature du faisceau lumineux. Si le faisceau lumineux est de la lumière parallèle, convergente ou divergente, le faisceau est lui-même de la lumière parallèle, convergente ou divergente.

Image d'un objet. — L'image d'un objet est l'ensemble des images de tous ses points. Une image est *réelle* quand on peut la recevoir sur un écran; elle est *virtuelle* dans le cas contraire.

Image fournie par un miroir plan. — L'image est virtuelle, droite, égale à l'objet, et symétrique de cet objet par rapport au miroir.

Champ d'un miroir. — Pour un observateur placé en O, le champ du miroir est limité par la surface latérale du cône ayant pour directrice la droite qui part du point O', symétrique de l'œil par rapport au miroir, et qui s'appuie sur le contour du miroir.

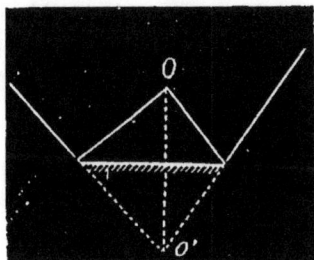

Le champ augmente donc quand l'œil se rapproche du miroir.

Rotation d'un miroir autour d'un axe perpendiculaire au plan d'incidence. — Le rayon réfléchi tourne d'un angle qui est double de celui dont le miroir a tourné.

Miroirs angulaires. — Le nombre des images varie avec l'angle des miroirs. On construit les images successives en cherchant d'abord l'image de l'objet dans chacun des miroirs, puis l'image de ces images, et ainsi de suite. Le nombre des images est forcément limité. La dernière de chaque série est celle qui se forme dans le dièdre formé par le prolongement des deux miroirs au-delà de leur intersection.

Toutes les images d'un point sont distribuées sur une circonférence dont le centre est sur l'intersection des deux miroirs, et dont le plan est perpendiculaire à cette intersection.

—

Remarques pratiques. — I. Dans la recherche des images multiples fournies par les miroirs angulaires ou les miroirs parallèles, remarquer que les images successives se comportent comme des objets réels par rapport au miroir en avant duquel elles se forment, et que, dans le cas des miroirs angulaires, ceux-ci doivent être supposés indéfinis au-delà de leur intersection.

II. Afin de mettre bien en évidence la surface réfléchissante, couvrir de petites hachures le côté de la surface étamée.

III. Tous les problèmes sur les miroirs plans se résolvent par l'application des principes de géométrie et de trigonométrie sur les angles et les triangles.

Question de cours importante. — Toute la question des miroirs plans.

————

MIROIRS CONCAVES

Définition. — Calotte sphérique dont la surface est réfléchissante. La surface intérieure fournit un miroir concave et la surface extérieure un miroir convexe.

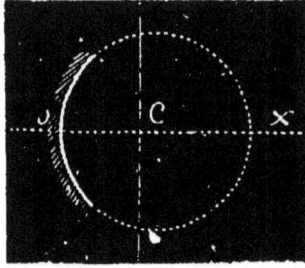

Eléments d'un miroir concave :

C est le centre de courbure du miroir.

O est le sommet du miroir.

OC est le rayon de courbure.

OX est l'axe principal du miroir.

Foyers. — I. *Lumière parallèle à l'axe principal.* Tous les rayons parallèles à l'axe viennent converger, après réflexion, en un même point F situé sensiblement au milieu de OC. Ce point est le *foyer principal* du miroir, et la distance $CF = \dfrac{R}{2}$ s'appelle la *distance focale.*

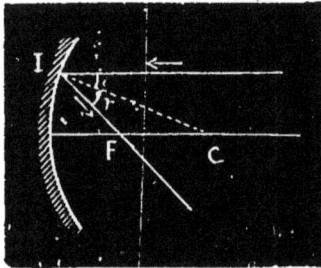

II. *Lumière parallèle de direction non parallèle à l'axe principal du miroir.* Après réflexion, tous les rayons passent en un même point F' sensiblement situé au milieu de CI.

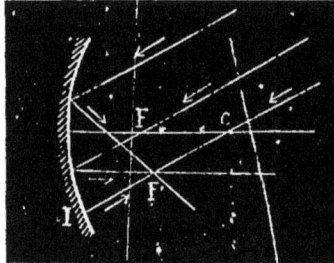

Plan focal. — On appelle *plan focal* le lieu des foyers tels que F, F', ... Ce lieu est une calotte sphérique de rayon $\dfrac{R}{2}$.

Si l'ouverture du miroir est très petite, cette calotte peut se confondre avec le plan tangent perpendiculaire à l'axe principal; c'est ce plan qu'on appelle plan focal.

Propriétés du foyer et du plan focal. — Tous les rayons émanant d'un point lumineux placé au foyer principal prennent, après réflexion, une direction parallèle à l'axe principal.

Tous les rayons émanant d'un point lumineux situé dans le plan focal prennent, après réflexion, une direction parallèle à l'*axe secondaire* mené par le point lumineux.

Points conjugués. — On appelle *points conjugués* deux points dont l'un est l'image de l'autre.

Formule générale des miroirs concaves. — p et p' étant les distances respectives de l'objet et de son image au sommet du miroir; f étant la distance focale, R le rayon de courbure, la formule générale est :

$$\frac{1}{p} + \frac{1}{p'} = \frac{1}{f} = \frac{2}{R}.$$

Pour discuter cette formule on l'écrit sous la forme

$$p' = \frac{f}{1 - \dfrac{f}{p}}$$

et l'on fait varier p depuis zéro jusqu'à l'infini. On trouve alors :

pour $\quad p = 0 \qquad\qquad p' = 0$

$\qquad\quad p < f \qquad\qquad p' < 0$

$\qquad\quad p = f \qquad\qquad p' = \infty$

$\qquad R < p < 2f \qquad p' > 2f$

$\qquad\quad p = R = 2f \qquad p' = R = 2f$

$\qquad\qquad p > 2f \qquad\qquad p' < R$

$\qquad\qquad p = \infty \qquad\qquad p' = f.$

Formule de Newton. — ω et ω' représentant les distances respectives de l'objet et de son image au foyer du miroir, la formule générale s'écrit :

$$\omega\omega' = f^2.$$

Construction géométrique de l'image d'un point. — I. *Le point est sur l'axe principal.* Mener un rayon quelconque PI. Il coupe le plan focal en M, et se réfléchit donc parallèlement à MC. On obtient ainsi P'.

II. *Le point est sur un axe secondaire.* 1° Mener l'axe secondaire du point P; 2° Mener un rayon parallèle à l'axe principal. Après réflexion, celui-ci passe en F; l'intersection des deux rayons réfléchis est l'image du point P.

Plans conjugués. — Si on mène par les points P et P' des plans perpendiculaires à l'axe principal, ces deux plans seront deux plans conjugués, c'est-à-dire que toute figure tracée dans l'un aura pour image une figure semblable tracée dans l'autre.

Rapport de grandeur de l'image et de l'objet. — Le rapport de grandeur des dimensions homologues est :

$$\frac{I}{O} = \frac{p'}{p} = \frac{f}{p-f}$$

celui des surfaces est :

$$\frac{S'}{S} = \frac{p''}{p'} .$$

Images données par un miroir concave. — On suppose l'objet successivement placé dans les positions suivantes : 1° Au-delà du centre de courbure; 2° au centre de courbure; 3° entre le centre et le foyer; 4° au foyer; 5° entre le foyer et le sommet du miroir; 6° au sommet. Dans chaque cas, on applique ce qui a été dit pour l'image d'un point placé dans les mêmes conditions, et l'on trouve les résultats suivants :

1er cas. Image réelle, renversée, plus petite que l'objet, placée entre C et F.

2e cas. Image réelle, renversée, égale à l'objet, située en C.

3° — — — — plus grande que l'objet, située au-delà de C.

4° cas. Image rejetée à l'infini.
5° —   —   virtuelle, droite, plus grande que l'objet.
6° —   —   —   —   égale à l'objet.

Remarques pratiques. — I. Tous les problèmes sur les miroirs concaves se résolvent par l'application des deux formules :

$$\frac{1}{p} + \frac{1}{p'} = \frac{1}{f} = \frac{2}{R}$$

et

$$\frac{1}{0} = \frac{p'}{p} = \frac{f}{p-f}.$$

II. Avoir bien soin de prendre la même unité pour mesurer les distances.

Si l'on trouvait pour p ou pour p' des valeurs négatives, c'est que ces longueurs devraient être comptées sur l'axe principal du côté de la convexité du miroir.

Questions de cours importantes. — Démontrer que le foyer principal est sensiblement au milieu du rayon de courbure. — Établissement et discussion de la formule générale. — Propriétés des foyers. — Détermination expérimentale de la distance focale.

MIROIRS CONVEXES

Éléments des miroirs convexes. — Comme les miroirs concaves. — Tous les rayons parallèles à l'axe principal convergent en un point qui est le foyer du miroir; c'est un foyer *virtuel*.

Points conjugués. — Tout faisceau divergent donne, après réflexion, un faisceau divergent dont le sommet est situé entre le foyer et le sommet du miroir.

Formule des miroirs convexes. — La formule des miroirs convexes se déduit de celle des miroirs concaves, en tenant compte du signe de p, de p' et de R. On a donc :

$$\frac{1}{p} - \frac{1}{p'} = -\frac{2}{R} = -\frac{1}{f}.$$

Pour faciliter la discussion, on met cette formule sous la forme :

$$p' = \frac{f}{1 + \dfrac{f}{p}}.$$

La discussion se fait comme celle des miroirs concaves.

On constate ici que lorsque p diminue, c'est-à-dire que l'objet se rapproche du miroir, p' diminue, l'image se rapproche donc aussi du miroir. Celle-ci est toujours comprise entre le miroir et son foyer.

La *formule de Newton* est la même que pour les miroirs concaves $\omega\omega' = f^2$ et se discute de la même manière.

Plans conjugués. — Comme pour les miroirs concaves. Toute figure tracée dans un plan P aura pour image virtuelle la figure géométriquement semblable tracée dans le plan P'.

Rapport de grandeur de l'image à l'objet. — Ce rapport est le même que pour les miroirs concaves :

$$\frac{I}{O} = \frac{p'}{p} = \frac{f}{p + f}$$

$$\frac{S'}{S} = \frac{p'^2}{p^2}.$$

Images données par les miroirs convexes. — I. *Lumière divergente.* — L'image est toujours virtuelle, droite, plus petite que l'objet, et se forme entre le foyer et le miroir. Elle grandit quand l'objet se rapproche du miroir et se confond avec lui au sommet du miroir.

II. *Lumière convergente.* — Si la convergence a lieu au-delà du foyer, l'image est virtuelle et renversée ; si elle a lieu entre le miroir et le foyer, l'image est réelle et droite.

Remarque pratique. — Un objet réel donne toujours une image virtuelle dans un miroir convexe.

Questions de cours importantes. — Les mêmes que pour les miroirs concaves.

RÉFRACTION DE LA LUMIÈRE

Lois de Descartes — 1° Le rayon réfracté est dans le plan d'incidence. 2° Pour deux milieux déterminés, le rapport du sinus de l'angle d'incidence au sinus de l'angle de réfraction est constant :

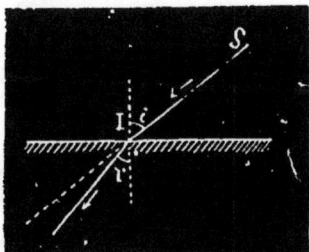

$$\frac{\sin i}{\sin r} = n.$$

Ce rapport est appelé l'*indice de réfraction* du second milieu par rapport au premier. L'indice du verre par rapport à l'air est égal à $\frac{3}{2}$; celui de l'eau par rapport à l'air est égal à $\frac{4}{3}$.

Le calcul montre que l'indice est égal au rapport des vitesses de la lumière dans les deux milieux .

$$n = \frac{\sin i}{\sin r} = \frac{V}{V'}.$$

Angle limite — On appelle *angle limite* le plus grand angle d'incidence sous lequel un rayon lumineux puisse passer d'un milieu plus dense dans un milieu moins dense.

La valeur de l'angle limite est donnée par la relation :

$$\sin \lambda = \frac{1}{n}.$$

Passage d'un rayon lumineux à travers une lame à faces planes et parallèles. — Le rayon lumineux n'est pas dévié, il éprouve seulement un déplacement latéral donné par l'expression :

$$D = e \frac{\sin (i - r)}{\cos r}$$

e étant l'épaisseur de la lame.

—

Remarque pratique — La plupart des problèmes sur la réfraction se résolvent par l'application de la formule $\sin i = n \sin r$, à laquelle il faut joindre $\sin \lambda = \frac{1}{n}$ s'il est question de l'angle limite.

Si le rayon lumineux sort du second milieu sous un angle d'émergence e, écrire les deux formules :

$$\sin i = n \sin r$$
$$\sin e = n \sin r'.$$

Questions de cours importantes. — Vérification des lois de Descartes. Discussion de la formule. — Réflexion totale.

PRISME

Définition. — On appelle *prisme* un milieu transparent limité par deux faces planes non parallèles.

L'intersection des deux faces est l'*arête réfringente* du prisme.

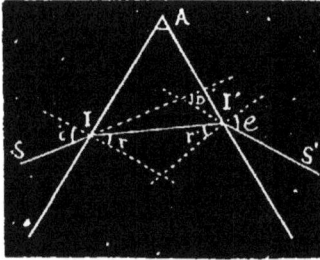

Formules du prisme. — Soient A l'angle du prisme et D la déviation. On a :

$$\sin i = n \sin r$$
$$\sin e = n \sin r'$$
$$r + r' = A$$
$$D = i + e - A.$$

A ces formules, qui suffisent pour résoudre la plupart des problèmes sur le prisme, il faut ajouter celle qui donne la valeur de l'angle limite :

$$\sin \lambda = \frac{1}{n}.$$

Déviation minimum. — Dans le cas de la déviation minimum, le rayon lumineux traverse le prisme perpendiculairement au plan bissecteur de l'angle dièdre du prisme.

La déviation s'exprime alors par :

$$D' = 2i - A.$$

Si de plus l'angle d'incidence et l'angle du prisme sont très petits, cette déviation peut s'écrire :

$$D' = (n - 1)A.$$

Mesure des indices de réfraction. — L'indice de réfraction d'une substance s'obtient par la formule :

$$n = \frac{\sin \dfrac{D' + A}{2}}{\sin \dfrac{A}{2}} \, .$$

D' étant la déviation minimum et A l'angle d'un prisme formé avec cette substance.

———

Remarques pratiques. — I. En général, les problèmes sur le prisme se résolvent en écrivant les relations :

$$\sin i = n \sin r$$
$$\sin e = n \sin r'$$
$$r + r' = A \, .$$

Souvent la solution consiste à éliminer certains coefficients entre ces trois équations.

L'équation à laquelle on est conduit est souvent de la forme $a \sin x + b \cos x = c$: la résoudre par l'emploi d'un angle auxiliaire.

II. Dans la position correspondant à la déviation minimum, l'angle d'émergence est égal à l'angle d'incidence.

Question de cours importante. — Marche des rayons lumineux dans le prisme. Formules.

———

LENTILLES SPHÉRIQUES

Définition. — Les *lentilles sphériques* sont des milieux transparents limités par des surfaces sphériques.

On suppose toujours les lentilles infiniment minces.

Formule générale des lentilles minces. — En appelant p et p' les distances respectives à la lentille de deux points conjugués, n l'indice de réfraction, R et R' les rayons de courbure, la formule générale des lentilles minces est :

$$\frac{1}{p} + \frac{1}{p'} = (n - 1)\left(\frac{1}{R} + \frac{1}{R'}\right) \, .$$

Cette formule convient à toutes les lentilles, à condition d'affecter du signe — les rayons de courbure des faces concaves, et de compter positivement les valeurs de p et de p' quand elles sont du côté de la lumière incidente, et négativement dans le cas contraire.

Foyers principaux. — Si la lentille reçoit de la lumière parallèle à l'axe principal, les rayons réfractés convergent vers un point de l'axe principal qu'on appelle le *foyer principal* de la lentille. La distance f de ce point à la lentille est la *distance focale* ; sa valeur est donnée par l'expression :

$$\frac{1}{f} = (n - 1)\left(\frac{1}{R} + \frac{1}{R'}\right).$$

La formule générale s'écrit alors :

$$\frac{1}{p} + \frac{1}{p'} = \frac{1}{f}.$$

Distance focale de plusieurs lentilles accolées. — En appelant f, f', f'' les distances focales de ces lentilles, on a pour le système :

$$\frac{1}{F} = \frac{1}{f} + \frac{1}{f'} + \frac{1}{f''} + \ldots$$

LENTILLES CONVERGENTES

Formes — Les lentilles convergentes sont à bords minces. Les formes de lentilles convergentes sont la lentille *biconvexe*, la lentille *plan-convexe* et le *ménisque convergent*.

Toute lentille convergente a deux foyers principaux, et se définit par sa distance focale.

Centre optique. — On appelle *centre optique* d'une lentille un point tel que tout rayon lumineux qui passe par ce point n'est pas dévié, mais éprouve seulement un déplacement latéral.

La distance de ce point au point où l'axe principal coupe la surface dont le rayon de courbure est R, est donnée par la formule :

$$x = E\frac{R}{R + R'}$$

E étant l'épaisseur de la lentille.

Plans focaux. — On appelle *plans focaux* deux plans perpendiculaires à l'axe principal et menés par les deux foyers.

Tous les rayons lumineux issus d'un point situé dans un plan focal sortent de la lentille en formant un faisceau de lumière parallèle, dont la direction est donnée par la droite qui joint ce point au centre optique de la lentille.

Points conjugués. — On appelle *points conjugués* deux points dont l'un est l'image de l'autre.

Détermination de l'image d'un point. — 1° *Cas : le point est sur l'axe principal.* Mener un rayon quelconque PI, joindre le point M où ce rayon perce le plan focal situé du côté de la lumière incidente, au centre optique O de la lentille, et mener IP′ parallèle à MO. Le point P′ est le conjugué du point P.

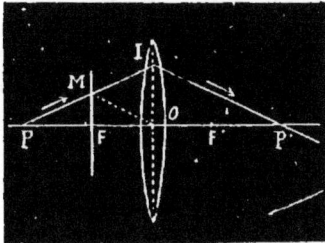

2° *Cas : le point est en dehors de l'axe principal.* 1° Mener un rayon parallèle à l'axe principal; après réfraction ce rayon passe par le foyer qui est situé du côté opposé à la lumière incidente.

2° Mener un rayon passant par le centre optique; ce rayon n'est pas dévié. L'intersection de ces deux rayons donne l'image du point.

Image d'un objet. — L'image d'un objet est l'ensemble des images de tous les points de cet objet.

Formule des lentilles convergentes. Cette formule est :

$$\frac{1}{p} + \frac{1}{p'} = \frac{1}{f}.$$

Pour la discuter, on l'écrit sous la forme :

$$p' = \frac{f}{1 - \dfrac{f}{p}}.$$

On fait alors varier p depuis l'infini jusqu'à zéro et l'on trouve les résultats suivants :

Pour $\quad p = \infty \qquad\qquad p' = f$

$$p > 2f \qquad\qquad 2f > p' > f$$
$$p = 2f \qquad\qquad p' = 2f$$
$$f < p < 2f \qquad\qquad p' > 2f$$
$$p = f \qquad\qquad p' = \infty$$
$$p < f \qquad\qquad p' < 0 .$$

Dans le cas où l'on a $p < f$, p' est négatif, l'image est virtuelle et se forme du même côté que l'objet.

Comme dans le cas des miroirs sphériques, la formule de Newton s'écrit :

$$\omega\omega' = f^2 .$$

Images données par une lentille convergente. — La discussion de la formule et la construction de l'image fournissent les résultats suivants :

$p = \infty$ l'image est nulle.

$p > 2f$ — est renversée et plus petite que l'objet.

$p = 2f$ — — — et égale à l'objet.

$f < p < 2f$ — — — et plus grande que l'objet.

$p = f$ — est à l'infini et infiniment grande.

$p < f$ — est virtuelle, droite et plus grande que l'objet.

Rapport de grandeur de l'image à l'objet. — Comme pour les miroirs on a :

$$\frac{I}{O} = \frac{p'}{p} = \frac{f}{p - f} .$$

Remarques pratiques. — I. Presque tous les problèmes sur les lentilles convergentes se résolvent par l'application des deux formules :

$$\frac{1}{p} + \frac{1}{p'} = \frac{1}{f}$$

$$\frac{I}{O} = \frac{p'}{p} = \frac{f}{p - f} .$$

Si les rayons de courbure ou l'indice de réfraction interviennent dans la question, il faut y joindre la formule :

$$\frac{1}{f} = (n - 1)\left(\frac{1}{R} + \frac{1}{R'}\right) .$$

II. Afin de ne pas charger les figures, représenter les entilles par un simple trait perpendiculaire à l'axe principal.

III. Voir la remarque III, p. 95.

Questions de cours importantes. — Établissement des formules générales. — Propriétés du centre optique et des plans focaux. — Discussion de la formule.

LENTILLES DIVERGENTES

Formes. — Les lentilles divergentes sont à bords épais. Leurs formes particulières sont la lentille *biconcave*, la lentille *plan-concave* et le *ménisque divergent*.

Centre optique.—**Plans focaux.**—**Points conjugués.**—Comme pour les lentilles convergentes.

Détermination de l'image d'un point. — 1° *Cas : le point est sur l'axe principal.* Mener un rayon PI, joindre le point M où ce rayon rencontre le plan focal situé du côté opposé à celui d'où vient la lumière incidente, au centre optique O de la lentille, et mener IP′ parallèle à MO. Le point P′ est le conjugué du point P.

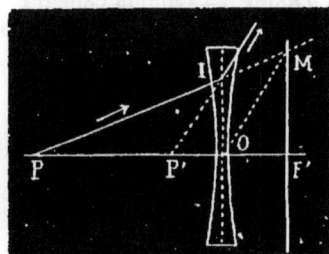

2° *Cas : le point est en dehors de l'axe principal.* 1° Mener un rayon parallèle à l'axe principal ; après réfraction, la *direction* de ce rayon passe par le foyer qui est situé du même côté que la lumière incidente.

2° Mener un rayon passant par le centre optique ; ce rayon n'est point dévié. L'intersection de ces deux rayons est l'image du point.

Image d'un objet. — L'image d'un objet réel, dans le cas des lentilles divergentes, est toujours virtuelle.

Formule des lentilles divergentes. — La formule des lentilles divergentes est :

$$\frac{1}{p} - \frac{1}{p'} = -\frac{1}{f}.$$

Pour la discuter on l'écrit :

$$p' = \frac{f}{1 + \frac{f}{p}}.$$

La formule de Newton est la même :

$$\omega\omega' = f^2.$$

Images fournies par une lentille divergente. — Si la lentille reçoit de la lumière divergente, ce qui est le cas d'un objet placé devant la lentille, celle-ci donne une image virtuelle, droite, plus petite que l'objet, semblant se former entre la lentille et son premier foyer.

Si la lentille reçoit de la lumière convergeant entre la lentille et son second foyer (ce serait le cas d'une image réelle qui se formerait en cette région si la lentille n'était pas interposée), l'image est réelle, droite et agrandie.

Si la lumière convergeait au-delà du second foyer, l'image serait virtuelle et renversée.

Rapport de grandeur de l'image à l'objet. — Comme pour les miroirs et les lentilles convergentes, on a :

$$\frac{1}{0} = \frac{p'}{p} = \frac{f}{p + f}$$

$$\frac{S'}{S} = \frac{p''}{p^2}.$$

Remarques pratiques. — I. Les problèmes sur les lentilles divergentes se résolvent par l'application des formules :

$$\frac{1}{p} - \frac{1}{p'} = -\frac{1}{f}$$

$$\frac{1}{0} = \frac{p'}{p} = \frac{f}{p + f}$$

$$\frac{1}{f} = -(n - 1)\left(\frac{1}{R} + \frac{1}{R'}\right).$$

II. Dans la construction des images, avoir bien soin de joindre le point où un rayon parallèle à l'axe principal traverse la lentille, au foyer qui est situé *du même côté* que la lumière incidente.

III. Si l'on a un système de lentilles dont les axes principaux coïncident, ce qui est le cas général, on cherche d'abord l'image de l'objet par rapport à la première lentille qui reçoit les rayons, comme si elle était seule. Cette image joue ensuite le rôle d'objet par rapport à la seconde lentille, et ainsi de suite, en les prenant dans l'ordre où elles reçoivent la lumière.

Avoir bien soin de prendre les lentilles dans l'ordre indiqué, et de joindre le point où les rayons parallèles à l'axe percent la lentille considérée, au foyer qui est situé du côté de l'objet si la lentille est divergente, et du côté opposé si elle est convergente.

DISPERSION

Couleurs du spectre. — Violet, indigo, bleu, vert, jaune, orangé, rouge. Le violet est la couleur la plus déviée, c'est-à-dire celle qui se rapproche le plus de la base du prisme.

Dispersion. — On appelle *angle de dispersion*, ou simplement *dispersion*, l'angle que font entre eux les rayons extrêmes dans le spectre.

Si l'incidence est très petite, on a :

$$\delta = A(n_v - n_r) .$$

n_v et n_r étant les indices correspondant aux rayons rouge et violet extrêmes.

Aberration de réfrangibilité des lentilles. — On donne le nom d'*aberration de réfrangibilité* au défaut qu'ont les lentilles épaisses de donner des images irisées sur les bords.

Achromatisme des lentilles. — En appelant n et n' les indices extrêmes d'une lentille pour les rayons rouges et violets, n_1 et n_1' ceux d'une seconde lentille pour les mêmes couleurs, R et R', ρ et ρ' les rayons de courbure correspondant à ces deux lentilles, les deux lentilles seront achromatisées pour ces deux couleurs si l'on a la relation :

$$\frac{\frac{1}{R} + \frac{1}{R'}}{\frac{1}{\rho} + \frac{1}{\rho'}} = - \frac{n_1' - n_1}{n' - n} .$$

Questions de cours importantes. — Décomposition de la lumière blanche par le prisme. — Inégale réfrangibilité des couleurs. — Recomposition de la lumière blanche.

Spectroscope. Analyse spectrale.

INSTRUMENTS D'OPTIQUE

LOUPE

Convergence. — On appelle *convergence* de la loupe l'inverse de sa distance focale.

$$C = \frac{1}{f}.$$

Puissance. — On appelle *puissance* de la loupe l'angle sous lequel on verrait, à la distance minimum de la vision distincte, l'image de 1 millimètre, l'œil étant supposé placé contre la loupe.

$$P = \frac{1}{D} + \frac{1}{f}.$$

D étant la distance minimum de la vision distincte.

Si l'œil était à une distance d de la loupe, l'expression de la puissance serait :

$$P = \frac{1}{D} + \frac{1}{f} - \frac{d}{Df}.$$

Grossissement. — On appelle *grossissement linéaire* le rapport des angles sous lesquels on voit l'image et l'objet, supposés placés tous deux à la distance minimum de la vision distincte.

$$G = 1 + \frac{D}{f}.$$

En fonction de la puissance on a :

$$G = P \times D.$$

Si l'œil est à une distance d de la lentille, le grossissement a pour expression :

$$G = 1 + \frac{D - d}{f}.$$

Champ de la loupe. — Le *champ* de la loupe est limité par la nappe extérieure d'un cône ayant pour sommet le centre optique de la lentille, et pour directrice la circonférence de la pupille.

Le champ est maximum quand l'œil est contre la lentille. Si on emploie un diaphragme plus petit que la pupille, le champ est limité par la directrice qui suit le contour du diaphragme.

Question de cours importante. — Tout ce qui est relatif à la loupe, et en particulier le calcul du grossissement.

MICROSCOPE COMPOSÉ

Constitution. — Le *microscope composé* comprend un objectif à court foyer donnant une image réelle et un oculaire jouant le rôle de loupe par rapport à cette image. Les deux lentilles sont disposées de manière que l'image virtuelle vue dans la loupe se forme à la distance minimum de la vision distincte pour l'œil placé contre l'oculaire.

Grossissement. — Le grossissement est égal au produit des grossissements de l'oculaire et de l'objectif.

$$G = g \times G'.$$

En appelant f et F les distances focales de l'oculaire et de l'objectif, et D la distance minimum de la vision distincte, le grossissement a pour expression :

$$G = \left(1 + \frac{D}{f}\right)\left(\frac{p'}{F} - 1\right).$$

p' étant la distance de l'objectif à l'image réelle qu'il fournit.

On suppose en général que l'image fournie par l'objectif se forme au foyer de l'oculaire. En appelant δ la distance des deux lentilles, on a :

$$p' = \delta - f.$$

Le grossissement s'exprime alors par :

$$G = \left(1 + \frac{D}{f}\right)\left(\frac{\delta - f}{F} - 1\right).$$

Point oculaire. — On appelle *point oculaire* le point vers lequel convergent les rayons issus du centre optique de l'objectif après leur passage à travers l'oculaire. C'est en ce point qu'il faut placer l'œil pour embrasser le champ tout entier.

Sa distance à l'oculaire est donnée par l'expression :

$$d = \frac{\delta f}{\delta - f}.$$

et comme f est négligeable par rapport à δ, on a :

$$d = f.$$

Détermination expérimentale du grossissement. — Soient N la valeur d'une division du micromètre objectif, n celle d'une division du micromètre oculaire, p le nombre des divisions du premier dont l'image se superpose à q divisions du second, on a pour le grossissement :

$$G = \frac{q}{p} \times \frac{n}{N}.$$

Cercle oculaire. — On appelle *cercle oculaire* l'image de l'objectif fournie par l'oculaire. Quand cette image se forme à l'intérieur de la pupille, l'œil embrasse le champ tout entier.

Questions de cours importantes. — Marche des rayons. — Calcul du grossissement.

_____

LUNETTES ET TÉLESCOPES

Lunette astronomique. — La *lunette astronomique* comprend : 1° un *objectif convergent* à grande surface et à long foyer, donnant une image réelle de l'objet ; 2° un *oculaire convergent* à court foyer, faisant l'office de loupe par rapport à cette image.

Mise au point. — L'image vue à travers l'oculaire doit se trouver à une distance de l'œil égale à la distance minimum de la vision distincte. L'image fournie par l'objectif doit donc se trouver à une distance de l'oculaire donnée par l'expression :

$$p' = \frac{f}{1 + \dfrac{f}{D}}.$$

Or pour un œil infiniment presbyte, D est infini et l'on a :

$$p' = f$$

la distance des deux lentilles est alors égale à :

$$\delta = F + f.$$

Les rayons sortent alors parallèlement de l'oculaire.

Cercle oculaire. — Le *cercle oculaire* est l'image de l'objectif donnée par l'oculaire. Sa distance à l'oculaire est donnée par l'expression :

$$d = \frac{\delta f}{\delta - f}$$

et comme f est négligeable par rapport à δ, on a sensiblement :

$$d = f.$$

En appelant R le rayon de l'objectif et r celui du cercle oculaire, celui-ci est donné par l'expression :

$$\frac{r}{R} = \frac{f}{F}.$$

Grossissement. — a étant la distance à laquelle l'œil se trouve de l'oculaire, le grossissement est donné par l'expression :

$$G = \frac{F}{f} + \frac{F}{D - a}.$$

Si l'on suppose l'observateur infiniment presbyte, $D = \infty$, et par suite le grossissement de la lunette astronomique est sensiblement égal au rapport des distances focales de l'objectif et de l'oculaire :

$$G = \frac{F}{f}.$$

La lunette étant à son tirage maximum, le grossissement est encore donné par :

$$G = \frac{R}{r}$$

R et r étant les rayons de l'objectif et du cercle oculaire.

Lunette de Galilée. — La *lunette de Galilée* comprend : 1° un *objectif convergent* à long foyer donnant une image qui tend à se former au-delà de son second foyer ; 2° un *oculaire divergent*.

Mise au point. — Pour un observateur infiniment presbyte, l'image fournie par l'objectif doit se former dans le second plan focal de l'oculaire. La distance des deux lentilles est donc égale à la différence de leurs distances focales :

$$\delta = F - f .$$

Grossissement. — Le grossissement a pour expression :

$$G = \frac{F}{f} - \frac{F}{D - a}$$

a étant la distance de l'œil à l'oculaire.

Pour un observateur infiniment presbyte on a $D = \infty$ et par suite :

$$G = \frac{F}{f} .$$

Oculaire composé positif de Ramsden. — Il se compose de deux lentilles plan-convexes ayant leurs faces convexes en regard. L'image fournie par l'objectif se forme en avant de la première lentille, entre son foyer et son centre optique, en un point voisin du foyer de la seconde lentille.

Le grossissement est plus grand que s'il n'y avait qu'une seule lentille.

Oculaire négatif d'Huyghens. — Il se compose de deux lentilles plan-convexes ayant toutes deux leur convexité tournée du côté de l'objectif. La première reçoit les rayons réfractés par l'objectif un peu avant leur point de concours, et les fait converger près du plan focal de la seconde.

Cet oculaire augmente le champ et corrige en partie le défaut d'achromatisme des lentilles.

Télescope. — Tout télescope se compose d'un *miroir concave* qui, tourné vers l'objet, donne dans son plan focal une image réelle que l'on observe, comme dans les lunettes, au moyen d'un *oculaire*.

Tout ce qui a été dit au sujet de la lunette astronomique sur le grossissement, le champ, le cercle oculaire, est applicable à tous les télescopes. Le miroir se comporte dans ce cas comme une lentille convergente de même distance focale.

—

Remarques pratiques. — I. Les problèmes sur les instruments d'optique se résolvent en appliquant à l'objectif et à l'oculaire ce qui a été dit au sujet des lentilles, et en tenant compte de la Remarque III, p. 95.

II. Supposer qu'un observateur est infiniment presbyte, c'est admettre que la distance des deux lentilles est égale à la somme de leurs distances focales dans la lunette astronomique, et à leur différence dans la lunette de Galilée.

III. Dans la lunette de Galilée, comme dans la loupe et dans tous les instruments composés, les myopes doivent rapprocher l'oculaire de l'objet qu'on observe, et les presbytes le reculer.

IV. L'oculaire de la lunette de Galilée ne donnant pas d'image réelle de l'objectif, il n'y a plus, dans ce cas, d'anneau oculaire.

Questions de cours importantes. — Lunette astronomique. — Lunette de Galilée.

Télescope de Newton. Marche des rayons et calcul du grossissement.

TABLE DES MATIÈRES

PRINCIPALES FORMULES DE PHYSIQUE

Pages.

Mécanique.	1
Hydrostatique.	2
Statique des gaz.	2
Chaleur.	3
Acoustique.	5
Magnétisme.	5
Électricité statique.	5
Électricité dynamique.	6
Optique.	8
Valeurs numériques usuelles	11

NOTIONS DE MÉCANIQUE

Forces.	13
Centres de gravité.	16
Equilibre.	16
Levier et Balance.	17
Plan incliné.	18
Mouvement.	19
Chute des corps.	21
Pendule.	22
Principes de dynamique.	23
Travail des forces.	25
Energie	26
Mesures absolues. Unités C. G. S.	27

HYDROSTATIQUE

Equilibre des liquides.	28
Vases communicants.	29
Principe d'Archimède.	29
Poids spécifiques. — Densité.	30
Capillarité. — Osmose	31
Statique des gaz	31

Pages.

Loi de Mariotte. 34
Mélange des gaz. 35
Dissolution des gaz 35
Machine pneumatique. — Machine de compression . . . 36
Siphon. — Pompes. 36
Principe d'Archimède appliqué au gaz. 38

CHALEUR

Dilatation des corps solides. 38
Dilatation des liquides 39
Thermomètres 40
Dilatation des gaz. 42
Poids des gaz. — Densités. 44
Changements d'état des corps. 44
Vapeurs 45
Hygrométrie. 46
Calorimétrie. 47
Chaleur rayonnante 50
Transformation de la chaleur en travail 51

ACOUSTIQUE

Le son. 52
Accords musicaux. 53
Tuyaux sonores 55
Vibration des cordes. 57

MAGNÉTISME

Propriétés des aimants. 57
Magnétisme terrestre. 58

ÉLECTRICITÉ STATIQUE

Principes fondamentaux. 59
Potentiel électrique 61
Capacité électrique. 63
Énergie électrique. 64

	Pages.
Condensation électrique.	65
Unités électrostatiques.	66

ÉLECTRICITÉ DYNAMIQUE

Principes fondamentaux.	66
Piles électriques. — Intensité.	67
Résistance. — Unités électriques.	68
Asscciation des piles.	70
Effets calorifiques et chimiques du courant	71
Electromagnétisme	73
Electrodynamique.	74
Solénoïdes	75
Induction.	76
Courants thermo-électriques.	77
Photométrie.	78
Réflexion de la lumière.	80
Miroirs plans	80
— concaves.	82
— convexes	85
Réfraction de la lumière.	87
Prisme.	88
Lentilles sphériques	89
— convergentes.	90
— divergentes.	93
Dispersion	96
Instruments d'optique. — Loupe.	96
Microscope composé	97
Lunettes et Télescopes.	98

FIN

Paris. — Imprimerie de Charles Noblet, 13, rue Cujas. — 1894.